퍼머넌트 웨이브

Permanent Wave

퍼머넌트 웨이브

Permanent Wave

초판 인쇄 2019년 8월 20일
초판 발행 2019년 8월 26일
지은이 임대진
발행인 조규백
발행처 도서출판 구민사
주소 (07293) 서울특별시 영등포구 문래북로 116, 604호(문래동3가 46, 트리플렉스)
전화 (02)701-7421(~2)
팩스 (02)3273-9642
홈페이지 www.kuhminsa.co.kr
신고번호 제 2012-000055호(1980년 2월 4일)
ISBN 979-11-5813-699-4 (93590)
정가 26,000원

Permanent Wave

퍼머넌트 웨이브

Permanent Wave

구민사

머리말

본 교재는 퍼머넌트 웨이브를 누구나 쉽게 접하고 익힐 수 있도록 대학의 15주차 교육에 맞추어 다음과 같이 집필하였습니다.

첫째, 우선 퍼머넌트 웨이브의 기초 테크닉을 실습하도록 하여 기본적인 퍼머넌트 웨이브의 기술을 익힌다. 둘째, 기초 이론을 학습하여 퍼머넌트 웨이브의 전반적인 이해에서부터 과학적 이론에 대하여 학습한다. 셋째, 퍼머넌트 웨이브와 연관되어 있는 기본적인 원리과 함께 웨이브 테크닉을 토대로 실습을 통해 심도 있는 학습을 수행한다.

또한 퍼머넌트 웨이브로 인한 모발 손상의 이유와 개선책을 알아보고 퍼머넌트 웨이브제의 종류 및 대응책을 제시하였으며 퍼머넌트 웨이브를 진행함에 있어 퍼머넌트 웨이브제의 올바른 선택으로 모발의 손상을 방지하고, 퍼머넌트 웨이브의 기본 와인딩과 응용동작을 학습하고, 실습을 통해 학습할 수 있도록 하였습니다.

본 교재를 가지고 수업하는 학습자들에게 꼭 필요한 자료가 되었으면 합니다. 끝으로 이 책의 출판을 위해 적극적으로 도움 주신 도서출판 구민사 조규백 대표님과 직원 여러분들에게 감사드립니다.

저자 임대진

content

Chapter

1

퍼머넌트 웨이브의 기초기술

Basic Skill of the Permanent Wave

1. 기본 와인딩 테크닉 기법

◌ 시술 순서

① 왼손으로 엔드 페이퍼의 방법대로 페이퍼를 잡는다.

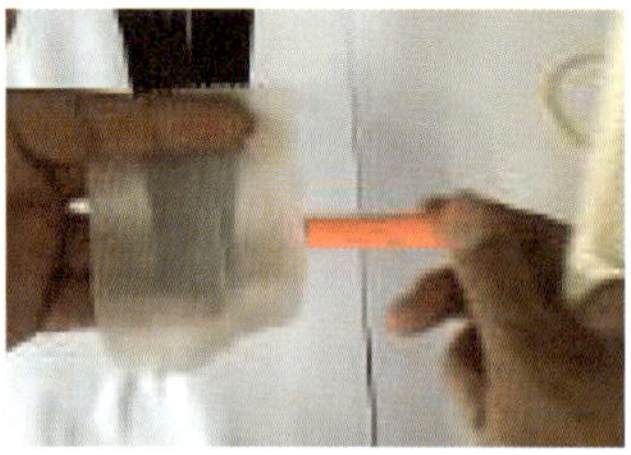

② 오른손의 검지와 엄지로 로드의 끝을 잡고 페이퍼의 아랫부분, 모발의 끝 지점에 위치한다.

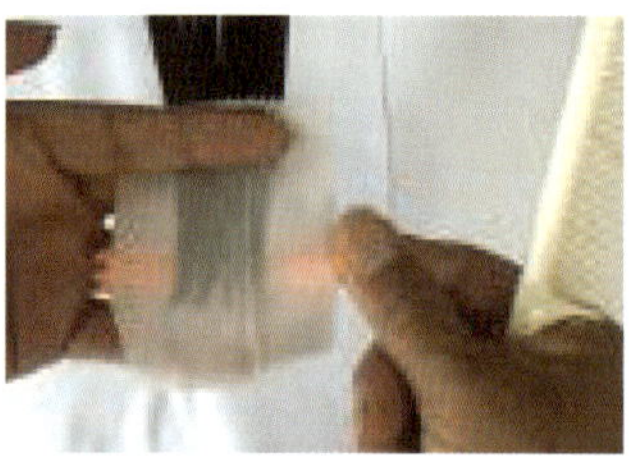

③ 오른손의 중지로 페이퍼를 살짝 친 다음, 아래에서 왼손 중지로 페이퍼를 잡는다.

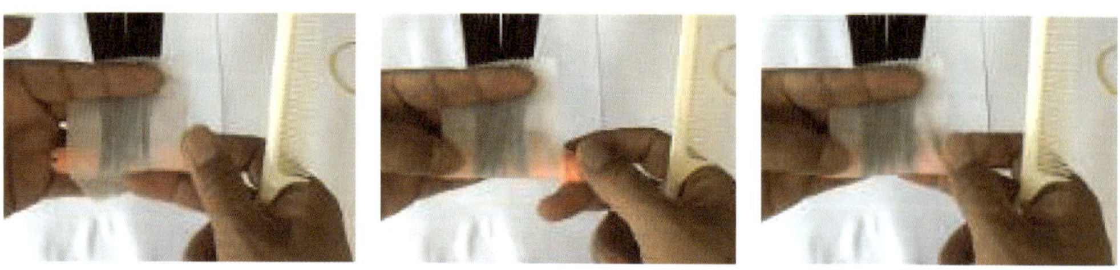

④ 왼손으로 잡은 상태에서 오른손의 엄지, 검지, 중지를 사용하여 와인딩한다.

⑤ 페이퍼가 보이지 않을 때까지 와인딩한 후 왼손을 떼고 두 손으로 로드를 잡고 모근까지 와인딩한다.

⑥ 오른손으로 고무밴드를 가져와 11자 밴딩, 혹은 X자 밴딩으로 밴딩한다.

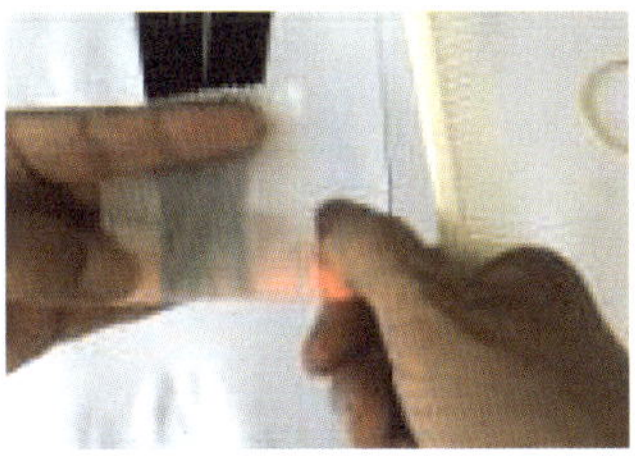
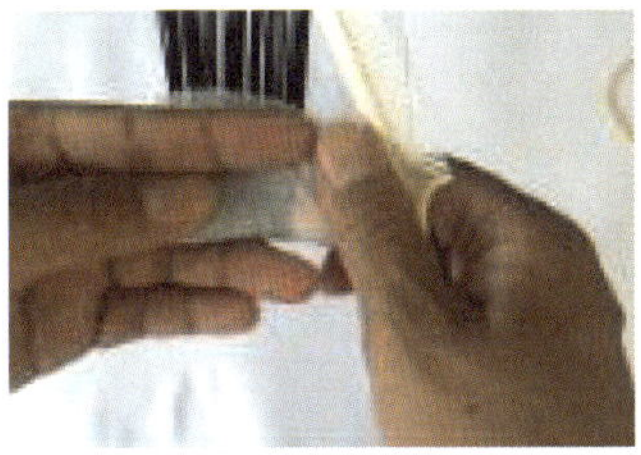
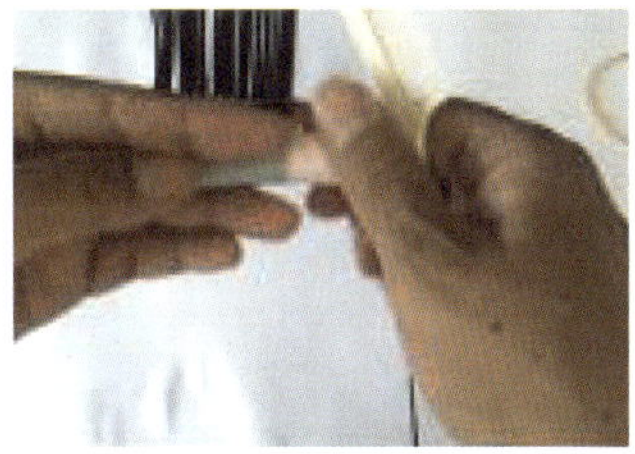

2. 기본 밴딩 기법(고무줄 잡는 법) - 11자 밴딩 시술 시

◌ 시술 순서

① 오른손의 엄지와 검지를 이용하여 잡는다.

② 중지를 검지와 같이 넣어서 X(8)자로 만든다.

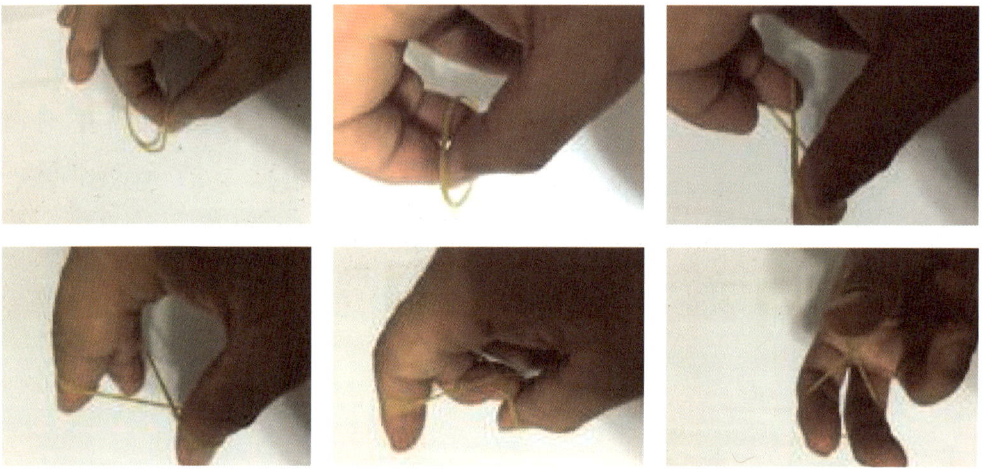

③ 엄지에 형성된 원에 검지와 중지를 넣어서 하나의 겹쳐진 원(두 개의 원)을 만든다.

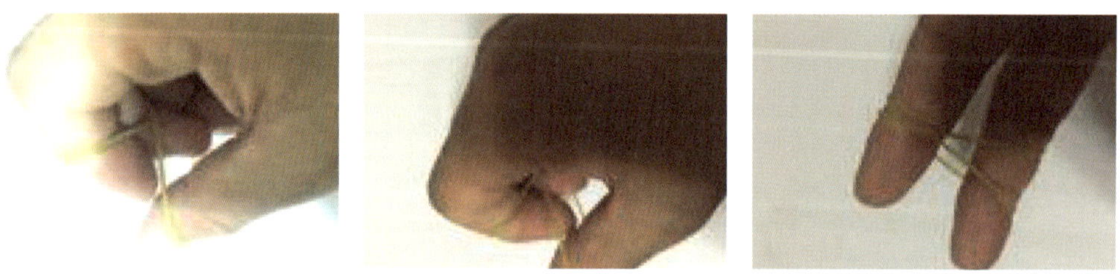

3. 11자 밴딩

◌ 시술 순서

① 왼손의 엄지와 검지로 로드의 왼쪽 끝을 잡는다.

② 위에서 배운 두 개의 원으로 만든 고무줄을 오른손으로 가져와서 왼손의 약지에 먼저 걸고 오른손으로 고무줄을 당겨서 로드의 오른쪽에 걸어준다.

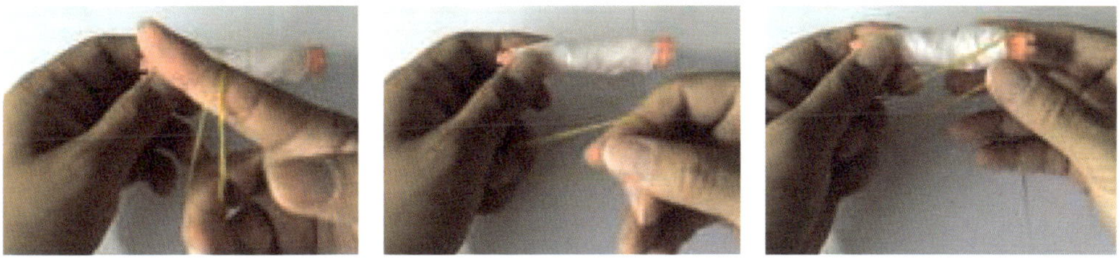

③ 손을 바꿔서 오른손의 엄지, 약지, 중지로 로드의 오른쪽 끝을 잡고 왼손의 엄지와 검지로 고무줄을 잡고 로드의 왼쪽 끝에 걸어 준다.

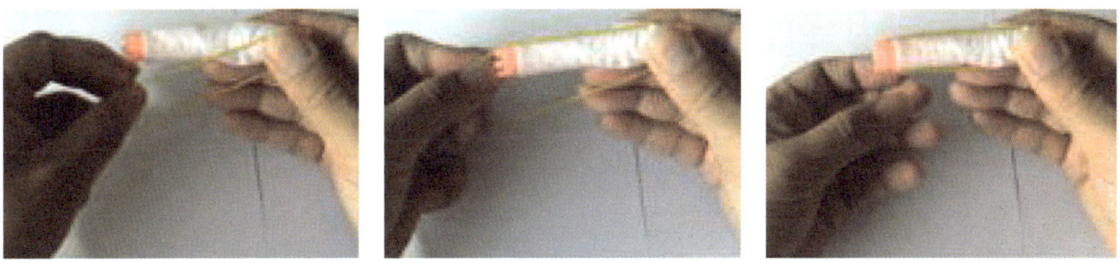

4. X자 밴딩의 3가지 방법

◌ 방법 1 시술 순서

① 왼손의 엄지와 검지로 로드의 왼쪽 끝을 잡는다.

② 고무줄을 오른손으로 가져와서 왼손의 소지에 먼저 걸고 오른손으로 고무줄을 당겨서 로드의 오른쪽에 걸어준다.

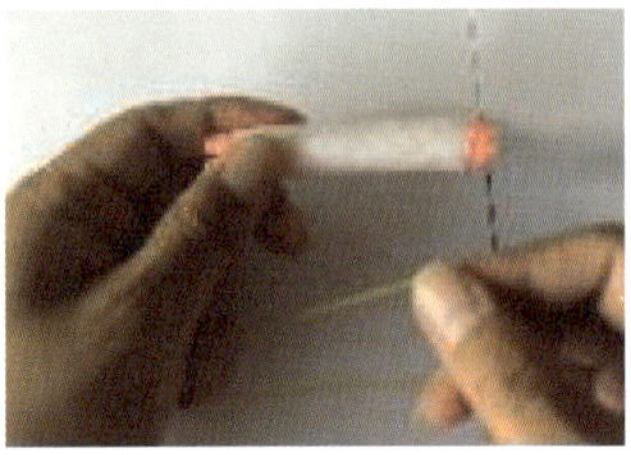
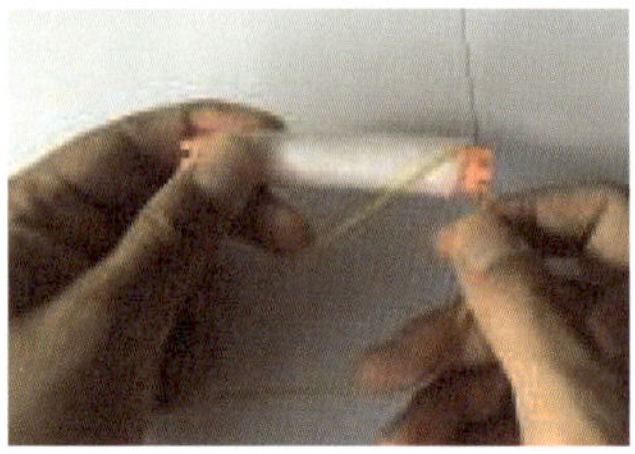

③ 손을 바꿔서 오른손의 엄지, 약지, 중지로 로드의 오른쪽 끝을 잡고, 왼손의 소지에 고무줄이 걸려 있는 상태에서 엄지와 검지로 고무줄을 잡는다.

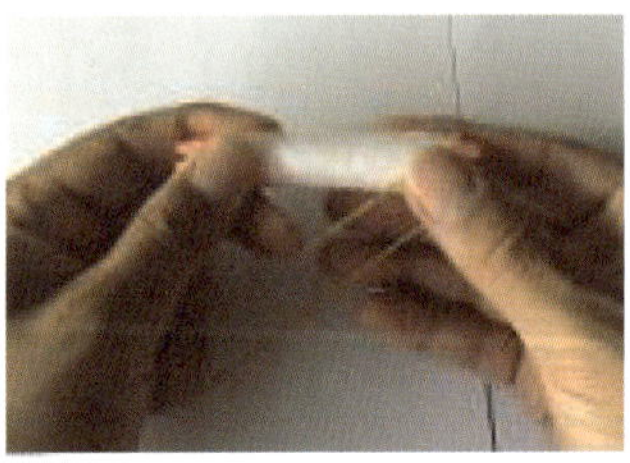
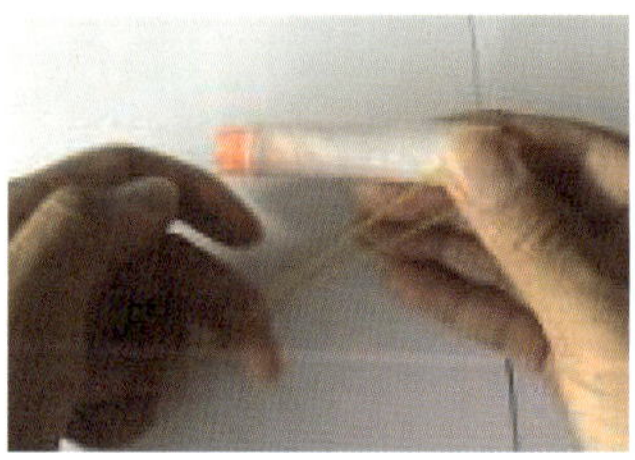

④ 로드의 왼쪽 끝에 걸어준 후 왼손의 엄지와 검지로 로드의 왼쪽 끝을 잡는다.

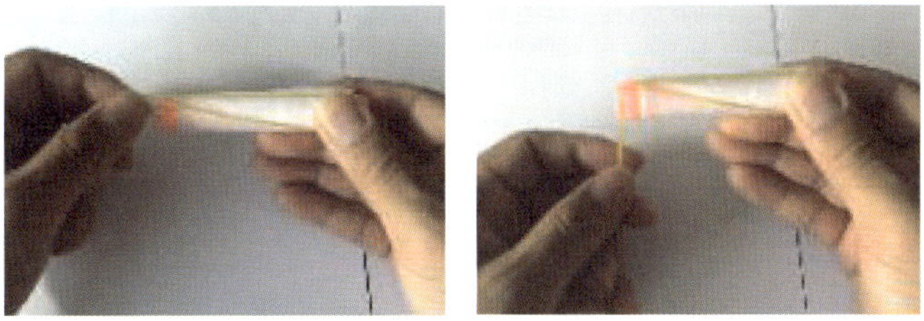

⑤ 왼쪽 끝을 잡은 상태에서 오른손의 엄지와 검지로 왼손 소지에 걸려있는 고무줄을 가져와서 잡는다.

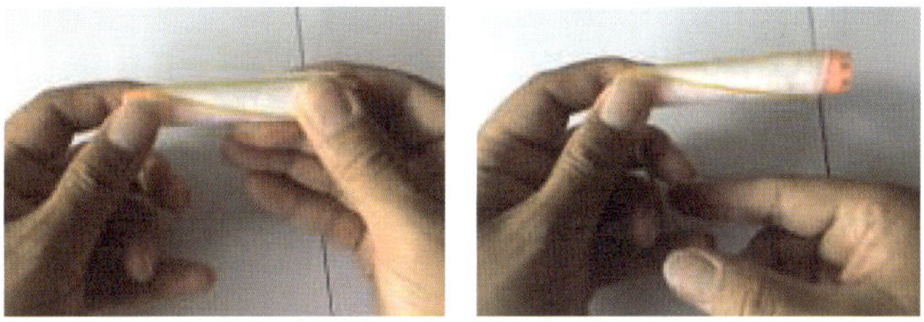

⑥ 잡은 고무줄을 당겨서 오른쪽의 로드 끝으로 가져와서 로드의 오른쪽에 걸어준다.

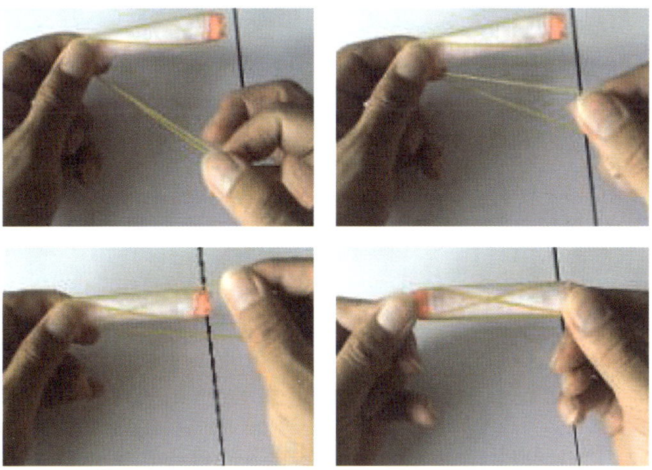

◌ 방법 2 시술 순서

① 왼손의 엄지와 검지로 로드의 왼쪽 끝을 잡는다.

② 고무줄을 오른손으로 가져와서 왼손의 약지에 먼저 걸고 오른손으로 고무줄을 당겨서 로드의 오른쪽에 걸어준다.

③ 오른손의 엄지, 약지로 왼쪽으로 당겨서 왼손의 약지 쪽으로 가져온다.

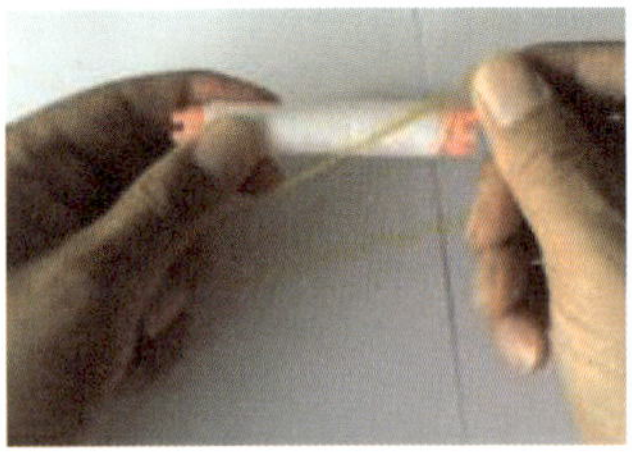
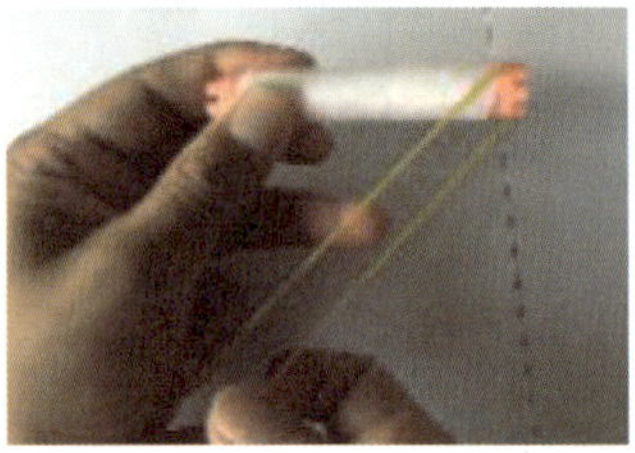

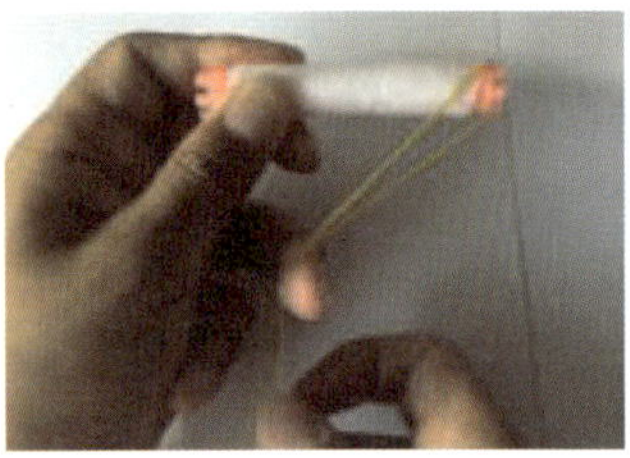
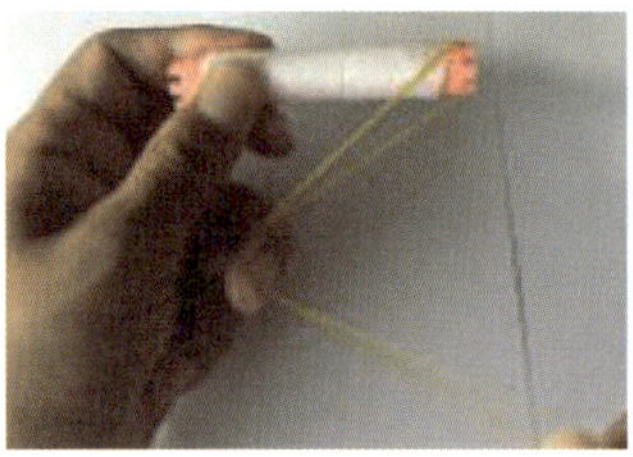

④ 약지에 걸어준 후 오른손으로 고무줄을 잡아당겨 로드의 오른쪽 끝에 걸어준다.

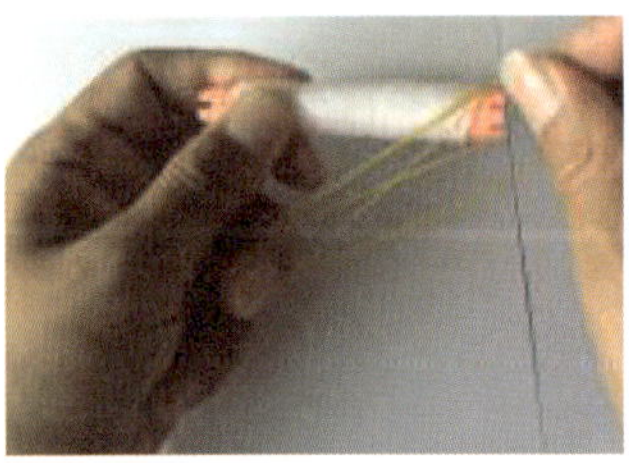
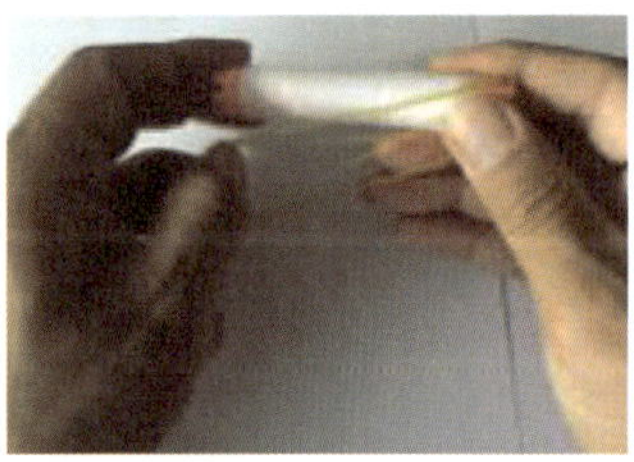

⑤ 로드의 오른쪽 끝을 잡고 왼손 약지에 걸려있는 고무줄을 왼손의 엄지와 검지로 고무줄을 잡고 로드의 왼쪽 끝에 걸어 준다.

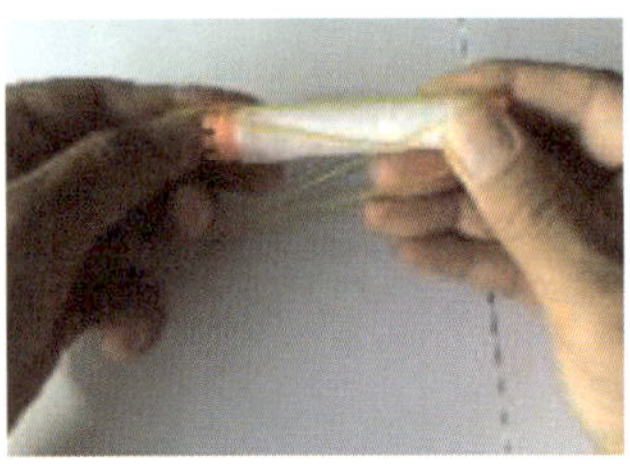
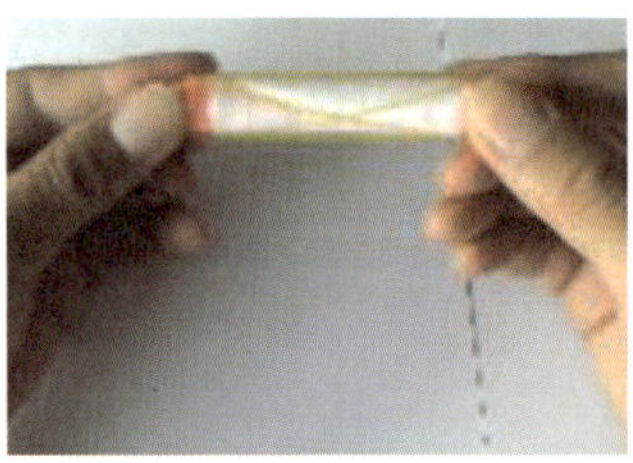

◌ 방법 3 시술 순서

① 왼손의 엄지와 검지로 로드의 왼쪽 끝을 잡는다.

② 고무줄을 오른손의 검지와 중지에 걸친 상태에서 왼손의 약지에 먼저 걸고 오른손으로 고무줄을 당겨서 검지에 있는 고무줄을 중지에 합친다.

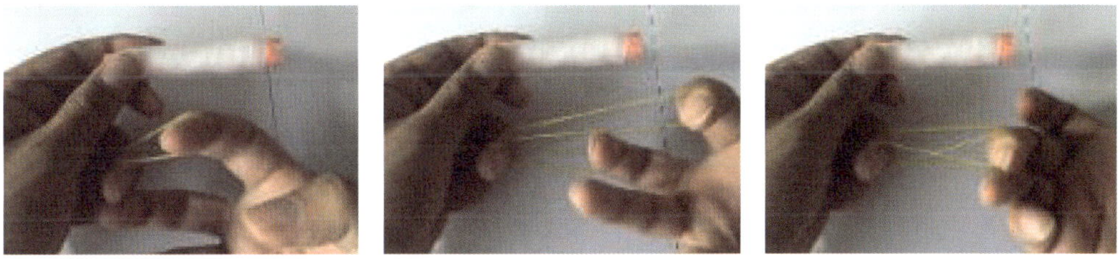

③ 오른손의 검지와 엄지로 고무줄을 잡은 후 로드의 오른쪽 끝에 걸어 준다.

④ 로드의 오른쪽 끝을 잡고 왼손 약지에 걸려 있는 고무줄을 왼손의 엄지와 검지로 고무줄을 잡고 로드의 왼쪽 끝에 걸어 준다.

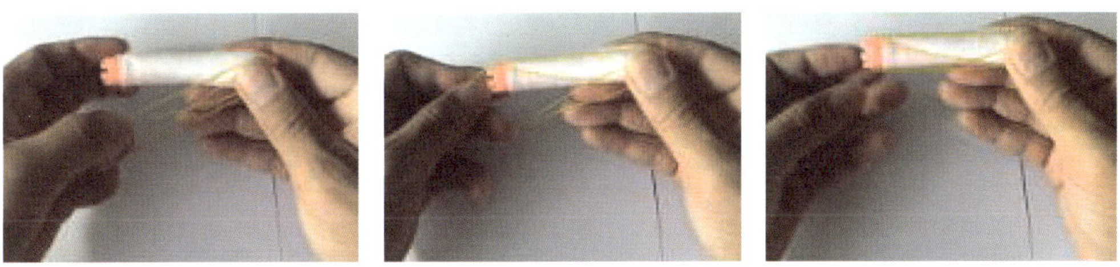

5. 퍼머 종이의 사용법

◌ 시술 순서

① 오른손의 엄지와 검지로 퍼머 종이를 가져와서 패널을 잡고 있는 왼손의 검지 위로 올린다.

② 오른손의 검지와 중지로 퍼머 종이 위로 잡는다.

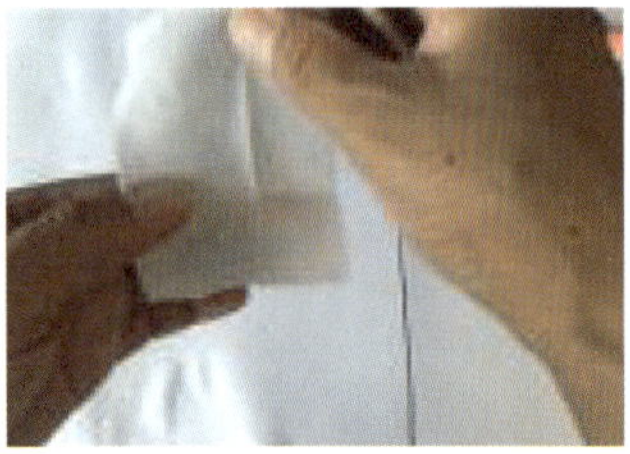

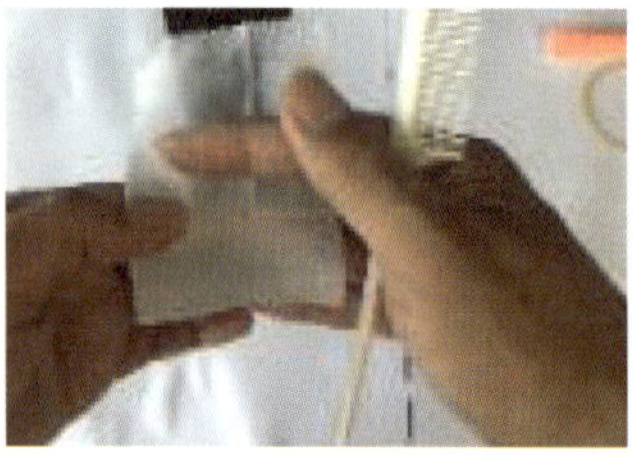

③ 다시 왼손의 검지와 중지로 바꿔 잡는다.

④ 모발의 패널을 퍼머 종이와 함께 살짝 텐션을 주면서 모발이 퍼머 종이의 1/3 지점까지 오도록 잡아당긴다.

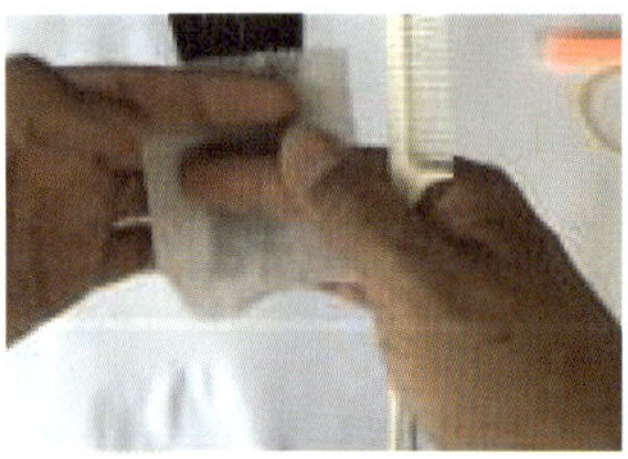

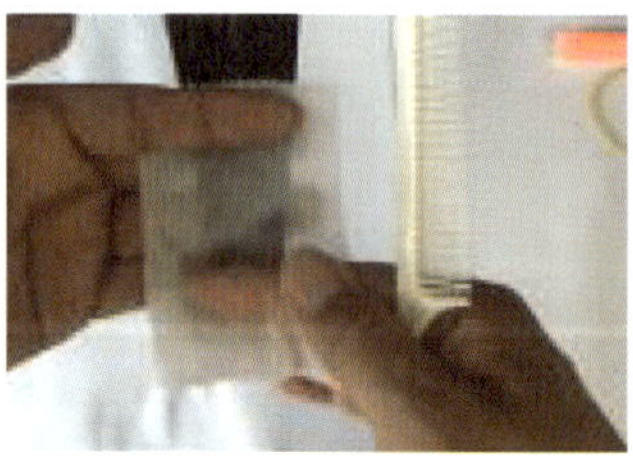

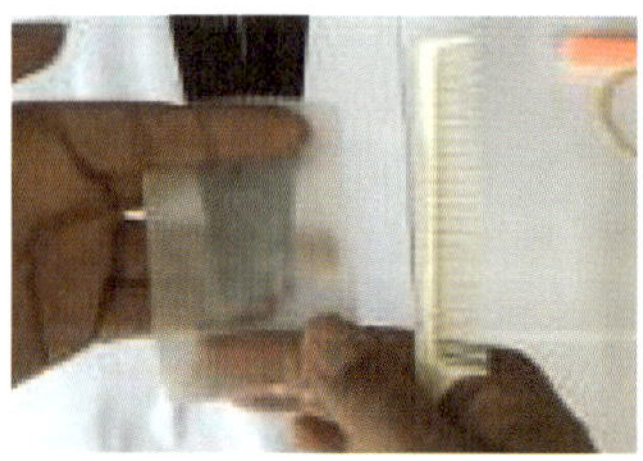

Chapter 2

퍼머넌트 웨이브의 개요

Overview of the Permanent Wave

1. 퍼머넌트 웨이브의 개요

1) 정의

퍼머넌트 웨이브(permanent wave)의 사전적 의미는 '(반)영구적인 물결'이며, 모발에 웨이브를 만드는 로드와, 웨이브가 잘 형성되기 위한 가온(열), 모발의 화학적 결합을 절단·결합하는 퍼머제의 작용으로 모발의 화학구조를 변화시켜 모발의 웨이브가 오래 유지될 수 있도록 하는 것이다.

2) 목적

① 모발에 웨이브를 주어 다른 스타일을 연출, 디자인하기 쉽게 해준다.

② 헤어스타일의 웨이브 지속성을 갖게 한다.

③ 화학적 제품의 사용으로 인한 모질을 바꾸어 준다.

④ 모류의 방향성, 움직임을 컨트롤한다.

⑤ 웨이브로 인한 무게감, 질감, 볼륨감을 표현할 수 있다.

3) 퍼머넌트 웨이브의 원리

일반적인 콜드 웨이브 원리

콜드 웨이브의 원리는 퍼머제 1제의 주성분(환원제 : 치오글리콜산, 시스테인)과 퍼머제 2제의 주성분(산화제 : 브롬산염, 과산화수소)에 의해 실온(저온)에서 환원, 산화과정을 통해 영구적인 웨이브가 형성된다.

4) 고객이 요구하는 퍼머넌트 웨이브

① 집에서도 손질이 편한 퍼머넌트 웨이브

② 모발 손상이 덜한 퍼머넌트 웨이브

③ 고객에게 잘 어울리는 퍼머넌트 웨이브

■ 퍼머넌트 웨이브의 원리

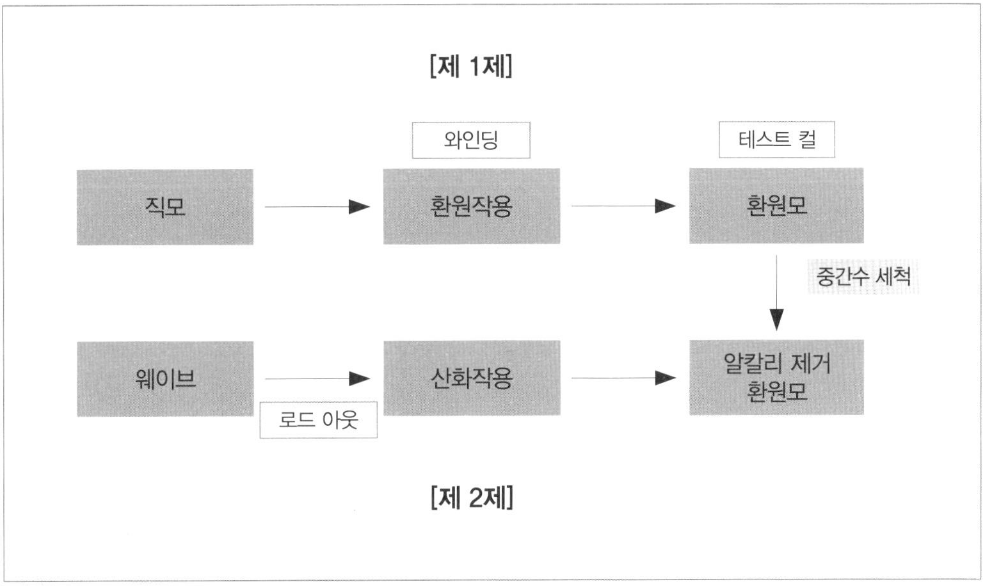

2. 퍼머넌트 웨이브의 도구

로드(Rod)

로드는 퍼머넌트 웨이브 시술 시 모발을 로드에 와인딩한 후, 로드 아웃을 하여 웨이브를 만드는 도구이다.

기본 로드의 종류와 특징

미용실에서 가장 많이 사용하는 로드로서 로드의 굵기에 따라 '호'로 나뉘어져 있다.

특수 로드의 종류와 특징

빅 로드

전체적으로 큰 웨이브를 원하는 경우 뿌리 부분의 방향성을 원하는 등 바디 파마에 많이 이용된다.

롱 로드

긴 모발에 대하여 균일한 웨이브를 형성하는 등 스파이럴로 와인딩하는 경우에 많이 이용된다. 버티컬 와인딩 시술 시 많이 이용된다.

원추 로드

모선과 뿌리 부분의 웨이브 컬 크기에 변화를 주고 싶거나 모선을 강하게 또는 뿌리 부분을 강하게 하는 등 디자인성이 강한 스타일에 많이 이용된다.

U자 로드

U자에 모속을 8자를 그리듯 와인딩하는 기본적인 방법. S상의 컬보다도 예각으로 말아 Z상에 가까운 릿지가 형성된다.

볼륨 로드

일반 로드보다 무게가 가벼워서 모발의 볼륨을 형성하기에 적당하다.

스펀지 로드

형태를 자유자재로 구부려 사용할 수 있으며 다양한 웨이브를 만들 수 있다.

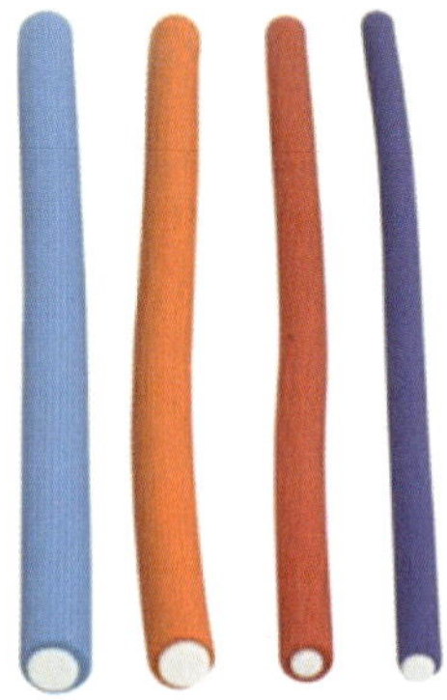

롤

굵은 웨이브 흐름을 원할 때, 모선 부분의 방향성을 원할 때 사용한다.

스트레이트 판넬

판넬 스트레이트 시술 시 사용하는 도구이다.

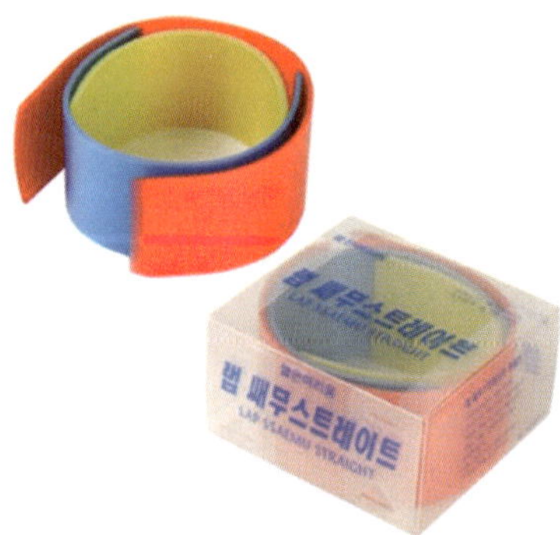

퍼머 종이

퍼머 종이 혹은 퍼머넌트 페이퍼라고 불리며 퍼머 시술 시 모발의 패널을 가지런히 정리하여 모발 끝의 손상을 막아주며 와인딩 시 시술을 도와준다.

고무줄

와인딩 시술 시 로드를 고정하기 위해 사용하는 도구이다.

스틱

와인딩 시술 후 고무줄 자국을 방지하기 위해 사용하는 도구이다.

꼬리빗

퍼머 시술 시 블로킹, 섹션, 슬라이스, 패널, 와인딩 등을 나눌 때나 잡을 때 사용되는 도구이며 나무, 플라스틱 등의 재질이 있다. 세밀한 손질이나 모발의 방향을 잡아줄 때 사용된다.

헤어밴드

퍼머 시술 시 약액이 얼굴, 목 등으로 흘러내리는 것을 방지하기 위해 사용되는 도구이다.

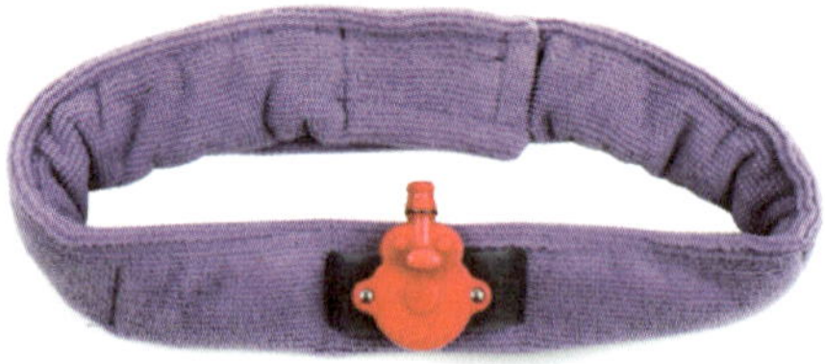

비닐캡

퍼머 시술 시 두상에 착용하여 안전한 온도 유지를 위해 착용한다. 또한 히팅캡 착용 시 약제가 묻지 않도록 도와준다.

클립

퍼머 시술이 편리하도록 블로킹, 섹션, 패널 등을 고정시키기 위해 사용되는 집게 모양의 용구이다. 재질은 금속, 플라스틱 등이며 형상은 각양각색이다.

마네킹, 마네킹 홀더

- 마네킹 : 퍼머 실습을 하기 위해 인모 재질의 퍼머용 통마네킹이 필요하다. 인모의 함량이 많을수록 연습이 용이하다.
- 마네킹 홀더 :마네킹을 탁자에 고정시키기 위한 도구이다.

분무기

모발에 수분을 공급할 때 사용하는 도구이다. 퍼머 시술 전후, 퍼머 와인딩 연습 시 부족한 수분을 보충한다.

고무장갑

시술자의 손을 약제로부터 보호하기 위해 착용한다.

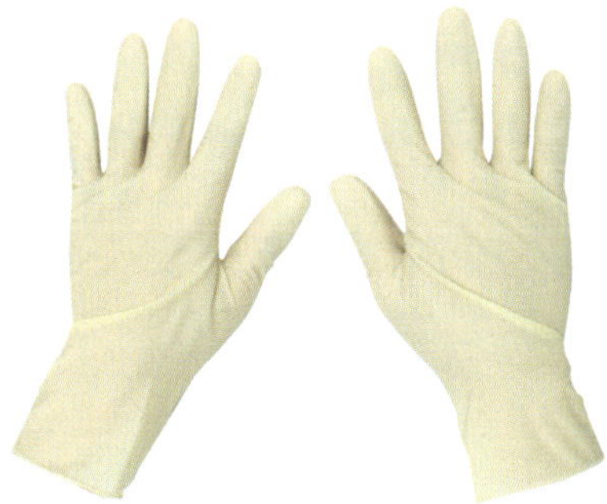

Chapter 3

모발의 이해

Understanding of Hair

1. 모발의 팽창과 수렴(Swelling & astringency)

1) 모발과 pH

pH는 물의 산성이나 알칼리성 정도를 나타내는 수치로서 수소이온농도의 지수이다.

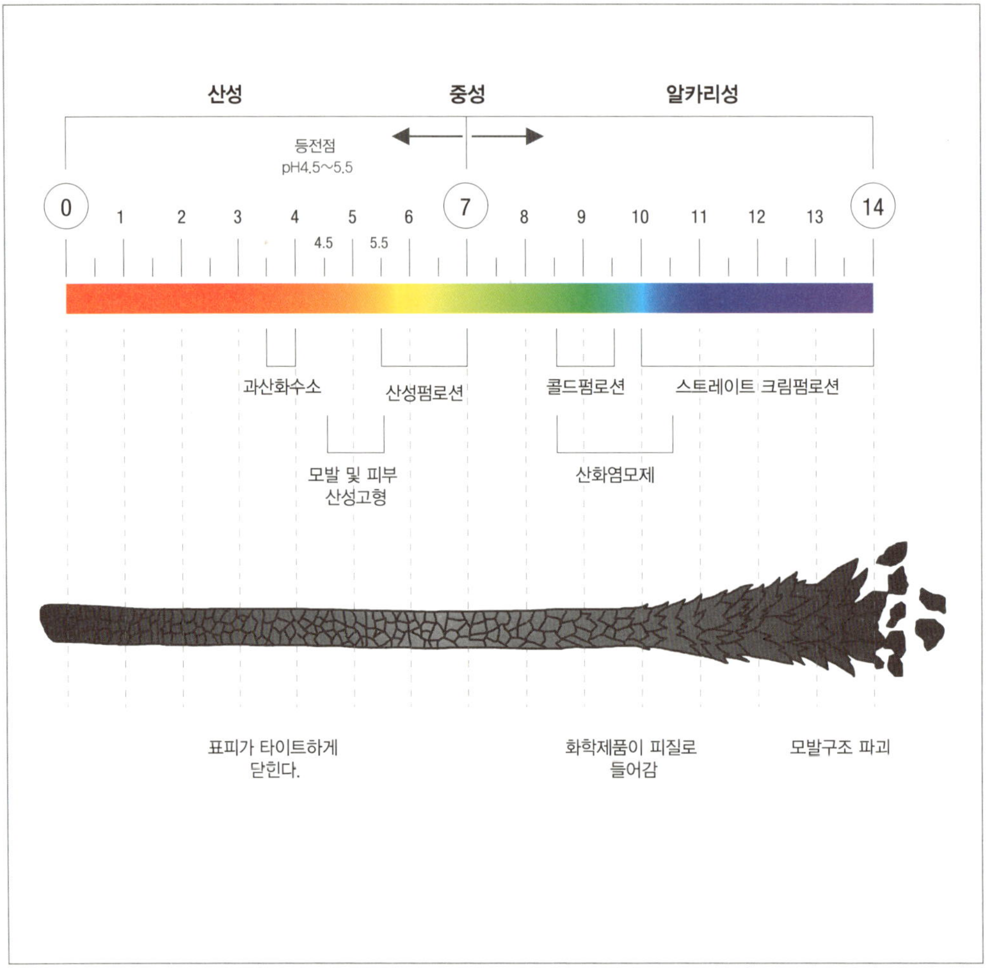

모발은 퍼머제와 물 등의 영향으로 부풀어 오르거나(팽윤) 수축되기도(수렴) 한다.

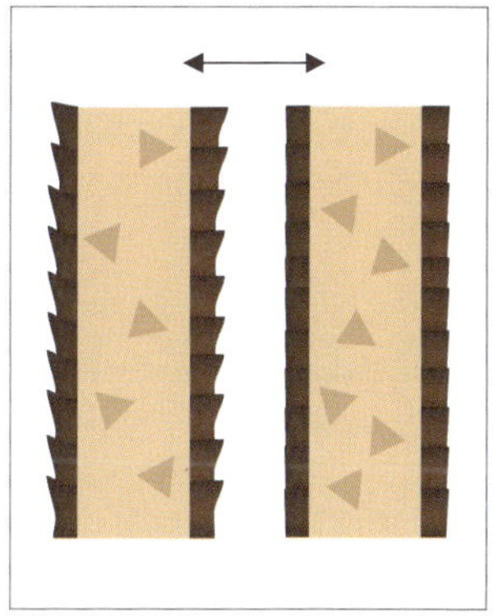

(1) 모발의 팽창

큐티클이 열린다. 부드러운 탄력이 없어진다.

- 수분(Water) · 비누(알칼리) · 퍼머제(알칼리) · 컬러제(알칼리)

(2) 모발의 수렴

큐티클이 닫힌다. 조여 주는 탄력이 생긴다.

- 드라이(건조) · 컨디셔너(산성) · 산성 린스 · 산성 컬러

2. 모발의 구조

모발

18가지 아미노산(amino acid)으로 구성된 케라틴(keratin)이라고 불리는 경단백질(protein)

1) 모발의 정의

모발은 일반적으로 머리카락을 의미하며 피부와 같이 신체를 보호하는 기관이라고 말할 수 있다. 인체의 모발은 피부의 각질층이 변화해서 생긴 것이며 주성분은 섬유성 단백질인 케라틴(keratin)이라는 경단백질로 구성된다.

2) 모발과 모낭

① 모발 : 표피의 변형이며 모간부와 모근부로 나눌 수 있다.

② 모낭 : 모발을 감싸고 있는 부분이며 역시 피부의 변형이다.

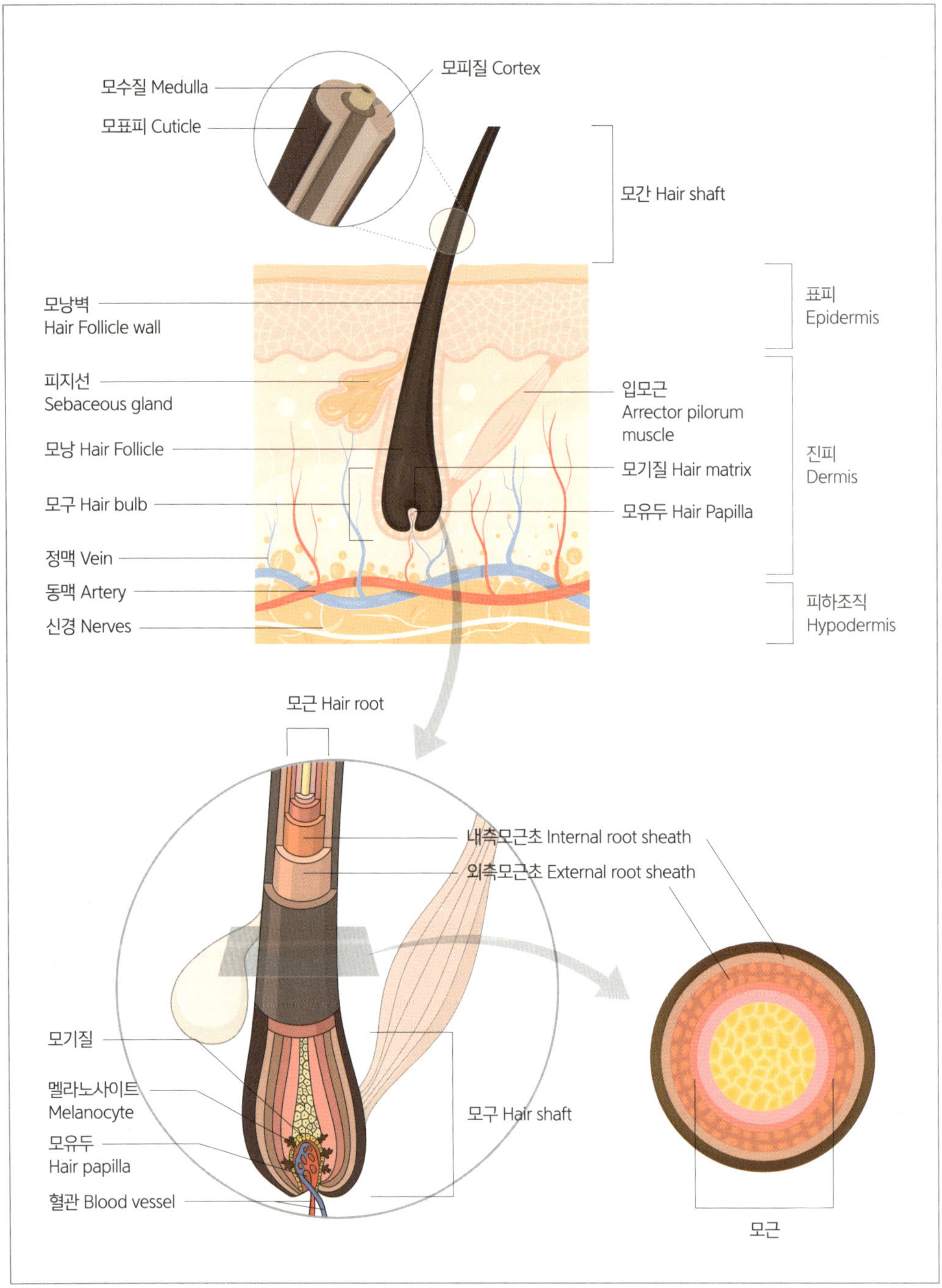

모수질 Medulla
모표피 Cuticle
모피질 Cortex
모간 Hair shaft
모낭벽
Hair Follicle wall
표피
Epidermis
피지선
Sebaceous gland
입모근
Arrector pilorum
muscle
모낭 Hair Follicle
모기질 Hair matrix
진피
Dermis
모구 Hair bulb
모유두 Hair Papilla
정맥 Vein
동맥 Artery
피하조직
Hypodermis
신경 Nerves
모근 Hair root
내측모근초 Internal root sheath
외측모근초 External root sheath
모기질
멜라노사이트
Melanocyte
모구 Hair shaft
모유두
Hair papilla
혈관 Blood vessel
모근

3) 모간부와 모근부

모발은 손톱과 같이 피부 표면의 각질층이 변화하여 만들어진 것으로 피부 표면에 나와 있는 표피 부분 모간과 모발 속의 모근으로 나누어진다.

(1) 모간부의 구조

모간부란 각화 과정이 끝나 밖으로 나온 부분을 말한다.

① 모표피(hair cuticle)

- 두발의 가장 바깥층
- 반투명의 비늘 모양
- 인종에 따라 겹수가 다름(평균 5~10겹)
- 황(S) 성분이 가장 많이 함유된 부분
- 최외표피(epicuticle), 외표피(exocuticle), 내표피(endocuticle)로 구성되어 있다.

② 모피질(hair cortex)

- 두발 중 가장 많은 부분(85~90%)
- 단백질 결합 구조
- 멜라닌색소
- 모발의 주요 특성 좌우
- 피질섬유와 간충물질, 핵의 잔사, 멜라닌으로 구성된다.
- 과립상의 황색으로부터 짙은 검정, 갈색의 멜라닌색소 입자를 함유한다.
- 피질세포 : 세포의 핵 중앙에는 핵의 잔사가 있고 거대섬유와 간충물질로 구성
  - 거대섬유(macro fibril) : 간충물질, 모발 손상의 최대 원인
  - 간충물질(matrix) : 섬유 간 사이를 채우는 물질. 시멘트, 본드의 역할
  - 미세섬유(micro fibril)
  - 원섬유(proto fibril)

■ 모간부의 구조

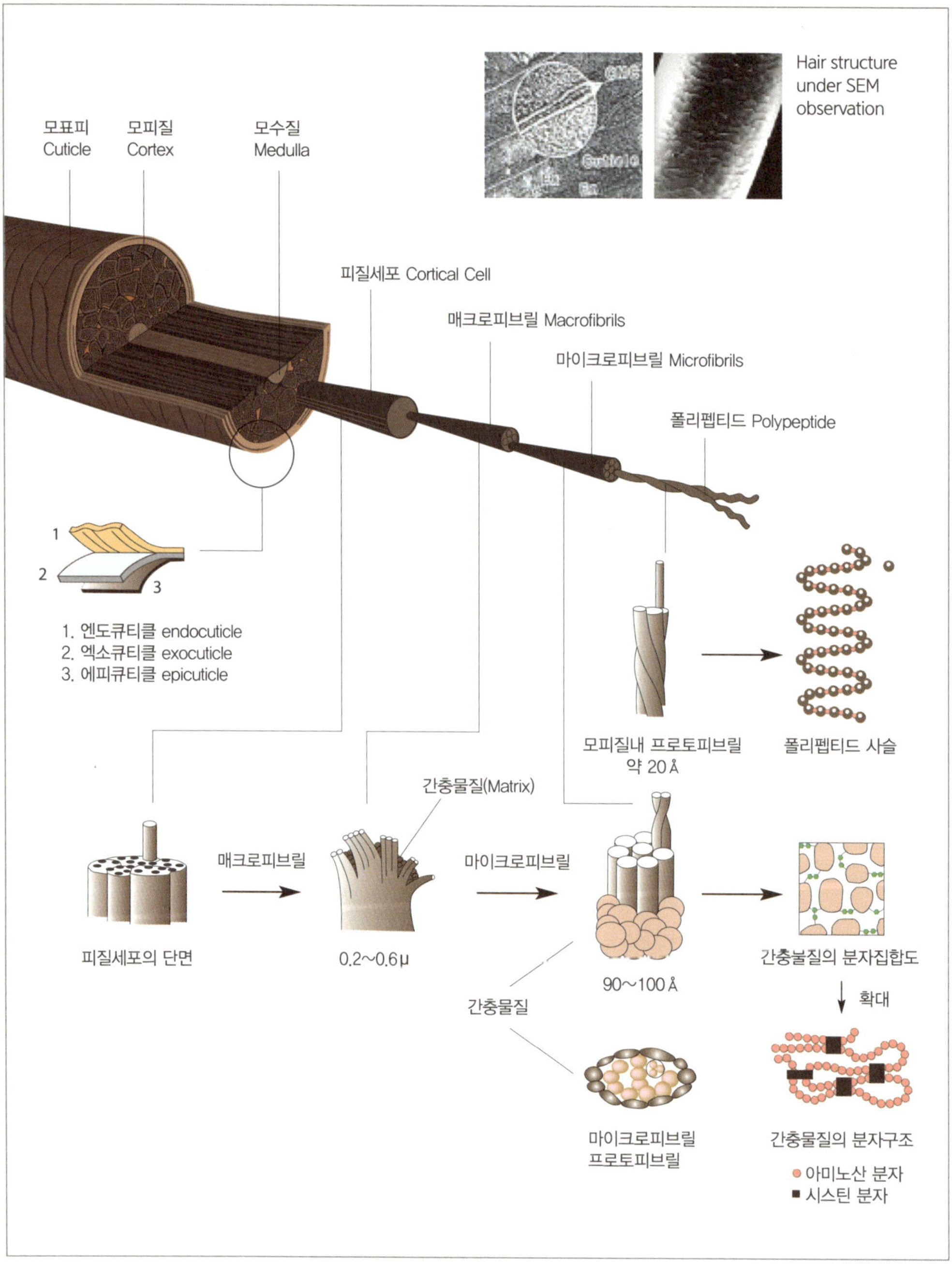

Hair structure
under SEM
observation
모표피
Cuticle
모피질
Cortex
모수질
Medulla
피질세포 Cortical Cell
매크로피브릴 Macrofibrils
마이크로피브릴 Microfibrils
폴리펩티드 Polypeptide
1
2
3
1. 엔도큐티클 endocuticle
2. 엑소큐티클 exocuticle
3. 에피큐티클 epicuticle
모피질내 프로토피브릴
약 20Å
폴리펩티드 사슬
간충물질(Matrix)
매크로피브릴
마이크로피브릴
피질세포의 단면
0.2~0.6μ
90~100Å
간충물질의 분자집합도
확대
간충물질
마이크로피브릴
프로토피브릴
간충물질의 분자구조
● 아미노산 분자
■ 시스틴 분자

③ **모수질(hair medulla)**

- 모발 중심부에 존재
- 공동(空洞)으로 된 벌집 모양의 다각형 세포
- 모발의 굵기에 따라모발의 굵기에 따라서 1개가 존재할 수도 있고 2개가 존재할 수도 있으며, 존재하지 않을 수도 있다.
- 빈 공간에 공기가 있어 보온효과가 있다.

(2) 모근부의 구조

① **모유두**

모구의 가장 아래쪽 중심에 위치하며 이곳에 모유두 모세혈관 그물이 있어, 성장하는 모발에 영양을 공급한다. 이 혈관을 통해 모낭이 영양을 공급받아 모발의 성장이 유지되며 새로운 모발이 생성된다.

② **모기질**

모기질 사이에는 멜라닌형성세포가 있으며 모발의 색을 결정한다.

③ **입모근**

모낭의 결합조직 기저에 부착되어 있는 피부 진피의 작은 근육. 추위, 공포 등의 자극에 반응한 이 근육의 수축으로 털이 서고 소름이 돋게 된다.

④ **피지선**

포유동물의 피부에 있는 기름을 생성하는 작은 샘

⑤ **모구**

모발의 뿌리 부분의 둥근 모양

⑥ 모모세포

모모세포는 모유두를 덮고 있으면서 모유두로부터 영양을 공급받아 끊임없이 세포분열을 하면서 증식한다. 모모세포의 역할로 모발은 하루에 약 0.3mm씩 자란다.

⑦ 멜라노사이트(melanocyte)

우리 몸의 자연적인 색소인 멜라닌을 생산하는 세포를 뜻한다.

⑧ 내모근초와 외모근초

모근부 안쪽의 내모근초와 바깥쪽의 외모근초로 되어 있다. 내·외모근초는 모발의 생장과 함께 위로 밀려 올라간다. 내모근초는 헨레층, 헉슬리층, 초표피 총 3층으로 구성되며 모낭의 모양을 유지한다.

3. 모발의 결합과 특성

1) 모발의 구성성분

(1) 모간부의 성분과 구성원소

모발을 구성하는 기본 성분은 18종의 아미노산으로 구성된 80~90%의 케라틴과 10~20% 정도의 수분, 지질 1~8%, 멜라닌색소 1~3%, 미량원소이다.

구성원소는 탄소(50.65%), 산소(20.85%), 질소(17.14%), 규소(6.36%), 유황(5.0%)으로 구성되어 있다.

■ 모발의 기본 성분

케라틴	80~90%
수분	10~20%
지질	1~8%
멜라닌 색소	1~3%
미량원소	

■ 모발의 구성원소

탄소	50.65%
산소	20.85%
질소	17.14%
규소	6.36%
유황	5.0%

(2) 단백질

모발의 주성분인 단백질은 시스틴을 14~18% 함유하고 있는 케라틴이라고 하는 물질이다. 케라틴은 인모, 양모, 손톱 등과 같이 단단한 경(硬) 케라틴과 피부와 같은 부드러운 연(軟) 케라틴으로 구별된다. 모발과 손톱을 태우면 이상한 악취가 나는데, 이것은 시스틴이 분해되어 생긴 유황화합물의 냄새 때문이다.

단단한 경(硬) 케라틴	인모, 양모, 손톱 등
부드러운 연(軟) 케라틴	피부

(3) 수분

젖은 건강모발의 수분 함유량은 다음과 같이 나타낼 수 있다.

■ **젖은 건강모발의 수분 함유량**

5~15% 이하	친수기에서의 화학적인 결합	결합수
15~25%	모피질 내의 작은 구멍을 메운 상태	침투수
25~30%	모발에 흡착되어 있는 상태	흡착수

모발이 손상되어 다공성모가 되면 수분 흡수율이 높다. 또한 모발의 손상도가 크면, 수분의 보유력이 약화되어 수분량은 적게 되기 때문에 수분량은 모발 손상도의 하나의 표준이 된다. 일반적으로 수분량이 10% 이하가 되면 건조모가 되는 것으로 알려져 있다.

ex

손상모일 경우 샴푸 후에 모발 속으로 수분이 많이 함유되어 머리를 말릴 때 잘 마르지 않는다.

보통의 상태(온도 25℃, 습도 65%)	10~15%
샴푸 직후	30~35%
드라이 건조	10%

모발을 구성하고 있는 수분은 유연함, 광택, 통풍, 잡아당길 때의 강도, 정전기량 등 모발의 기계적인 성질과 미용상의 특성으로 크게 영향을 받는다. 모발에는 수분을 흡수하는 성질이 있어서 보통의 상태인 온도 25℃, 습도 65% 상태에서는 10~15%의 수분을 함유하고 있다. 샴푸 직후 30~35%, 드라이로 건조해도 10% 정도의 수분이 남아 있다. 수분의 양은 그 때의 습도가 높으면 많아지고 온도가 높으면 적게 된다. 따라서 수분의 측정은 일정한 온도(25℃), 습도(65%)하에서 행해지지 않으면 정확한 결과를 얻을 수 없다.

(4) 멜라닌색소

자연모발 색상(natural hair color)을 드러내는 2가지 멜라닌 색은 동일하게 보일 수 있지만 헤어의 미세구조 속에서의 멜라노사이트(melanocyte)에 의해 생성되는 멜라닌의 구조 및 생성 과정에 의한 색소 분포는 사람마다 모질에 따라 다르게 나타난다.

멜라닌은 자연색소(natural pigment)로서 모발에서의 모든 기여색소(contribution pigment)인 깊이(depth), 색조(tonality), 강도(intensity)를 가지며, 깊이는 색의 밝기(lightness of color) 및 어두움(darkness of color)의 정도를 나타내는 척도인 명도(明度)가 있다. 이와 같이 모발의 색은 흑, 갈, 적, 금발, 백색 등 여러 가지 색상이 있지만, 이 색들은 피부색과 같이 멜라닌색소 합성의 정도에 따라 결정된다. 멜라닌색소는 모발을 착색시킬 뿐만 아니라 두피를 과도한 자외선으로부터 보호하는 중요한 역할을 하고 있다.

① 멜라닌색소의 종류

멜라닌 표피의 기저층에 존재하는 멜라닌세포 내에서 티로신이라는 아미노산이 산화되면서 멜라닌이 형성되고 멜라닌은 멜라노사이트라고 불리는 모유두 하부층에 존재하는 특수세포로 생성된다. 멜라닌세포는 자외선에 의해 자극을 받으면 멜라닌색소의 생성을 촉진하게 된다.

- **유멜라닌(Eumelanin)** : 검정과 갈색 색조와 같은 모발의 어두운 색을 결정, 많을수록 어두워진다.
- **페오멜라닌(Pheomelanin)** : 붉은색과 노란색 같은 좀 더 밝은 색조를 담는다. 모발의 밝은 색 결정, 많을수록 모발색은 밝아진다.

2) 모발의 결합

(1) 주쇄 결합(= 세로 결합)

케라틴(단백질)의 주 사슬이기 때문에 결합력이 강하다.

(2) 측쇄 결합(= 가로 결합)

① 시스틴 결합

- 아미노산의 R기에 S가 결합된 아미노산이 결합되어 있는 것
- 결합 강도가 강해 화학약품을 처리해야만 끊어짐
- 모발의 결정, 비결정 조직 간 함량이 각기 다름

② 이온 결합

- 아미노기와 카르복시기의 결합을 말함

③ 수소 결합

- CO와 NH 그룹에 있는 O와 H가 결합하는 것
- 모발의 측쇄 결합에서 가장 많이 차지, 물에 의해서도 쉽게 절단
- 일시적인 세팅, 드라이 기술

4. 모발의 산화와 환원

퍼머넌트 웨이브 시술에 있어 퍼머제에 의해 모발의 구조가 변형되어 영구적인 웨이브가 형성된다.

(1) 환원작용

① 물질이 산소를 잃는다.

② 물질이 수소와 결합한다.

(2) 산화작용

① 물질이 수소를 잃는다.

② 물질이 산소와 결합한다.

5. 퍼머넌트 웨이브의 역사

1) 서양의 역사

고대 이집트인	B.C 3000년경부터 웨이브를 만들기 시작하였다.
그리스 · 로마시대	불로 가열한 철 막대기를 이용하여 웨이브를 만들었다.
19세기	석유램프의 열로 가온하여 웨이브를 만들었다.
1875년	헤어 아이론(Iron, 1872년 프랑스의 마르셀 그라또우가 발명)을 이용하여 웨이브를 만들었다.
1905년	· 영국의 찰스 네슬러(Charles Nessler)에 의해 알칼리제로 붕사와 열을 이용하여 열펌(heat wave) 시술을 개발하였다. · 스파이럴(spiral winding) 방식(긴머리, 두피에서 모발 끝으로)
1925년	조셉 메이어(Joseph Mayer)의 크로키놀(croquignole) 방식(짧은 머리)
1927년	웰라사에서 105~110°C 로 가온하여 웨이브를 만드는 핫 웨이빙 기구를 개발하였다.

1936년대	영국 리도대학 교수 스피크먼(J.B Speakman)에 의해 아유산 수소나트륨의 화학반응에서 얻어지는 40°C의 반응열을 이용한 콜드 퍼머넌트 웨이브가 고안되었다. 이것은 기존의 높은 열을 사용하지 않고 실온보다 조금 높은 온도에서 퍼머넌트 웨이브가 가능하다는 것을 입증하였다.
1930년대 이후	모발의 결합을 절단, 결합하는 연구가 지속되었다.
1941년	미국 맥도노프(McDonough) 등이 치오글리콜산을 환원제로 하는 웨이브제를 최초로 제조하였다.
1947년	FDA의 의해 치오글리콜산의 제조 방법이 비교적 간단하면서 보건위생상 무해하며, 냄새가 비교적 적고, 효과적인 웨이브를 얻는 데 적당하다는 것을 인증받았다.
1950년대	콜드 퍼머넌트 웨이브가 완전히 자리를 잡았다. 현재 사용되는 퍼머넌트 웨이브란 이 콜드 퍼머넌트 웨이브를 말한다.
1960년대	볼륨 스타일로 단순한 스타일에 식상해했던 대중에게 가발 붐이 일어나 탑 부분에 포인트를 주는 스타일이 유행했다.
1970년대	섀기컷, 매스컷, 숏트 플라잉컷이 유행하며 강렬한 질감의 특성을 살려 좀 더 대칭적으로 균형을 이루었다. 전체적으로 약간의 컬을 후두부에서 프런트로 내추럴하게 하였다.
1980년대	80년대 초에는 여대생이나 직장 여성들을 중심으로 펑크 헤어 또는 디스코 머리 같은 중성적인 헤어스타일이 유행하였으나 80년대 중반에는 퍼머의 전성시대였다.
1990년대	웨이브 스타일의 강세는 90년대 초반까지 이어졌으나 80년대의 스타일이 일반 로드에 의한 기본 웨이브 스타일이었던 것에 비해 90년대 초반 이후에는 다양한 형태의 특수 로드가 개발되면서 다양한 변형 형태의 웨이브 스타일이 유행하게 되었다.
2000년대	퍼머넌트 스타일은 열 퍼머, 디지털 퍼머 활성화 시대이다. 디지털 시대에 맞게 헤어 분야에서의 퍼머 기기가 다양화되고 활성화되었다.

2) 우리나라의 역사

1930년대	1933년 오엽주 화신미용실에서 전기 퍼머를 선보였다. 유행 퍼머의 시술 가격이 당시 쌀 두 섬의 값이었다.
1940년대 초	서양의 퇴폐 풍조라며 사치품 금지령에 의해 퍼머가 금지되었다.
1950년대	숯을 얹어 머리에 열을 가하는 방식으로 숯으로 파마 집게를 데워 은박지를 대고 머리에 꽂는 숯퍼머가 등장하였다.
1970년대	1970년대는 커트의 전성기였지만, 중반 이후 소위 '바람머리'(바깥으로 뻗치는 퍼머 스타일)가 선풍적으로 인기를 끌었다.
1980년대	· 퍼머의 전성기로 머리카락 길이가 길든 짧든 웨이브(Wave)를 넣었다. · 스트레이트 퍼머가 등장하였다. 이때쯤부터는 특별히 오랜 기간 유행하는 스타일이 딱히 없고, 대중매체의 발전으로 인해 여러 가지 스타일이 돌아가며 유행하였다.
1990년대	아이롱 퍼머, 매직 스트레이트, 세팅 퍼머의 등장으로 열 퍼머가 시작되었다.
2000년대	디지털 퍼머 등 저온에서 이루어지는 다양한 열처리 퍼머들과 텍스처 퍼머 등 트렌드 퍼머들이 유행하였다.

Chapter 4

퍼머넌트 웨이브의 원리

Basic Principles of the Permanent Wave

1. 모발과 열

1) 모발의 팽창(팽윤) 요인

(1) 열(온도)

고온의 열로 인한 모발의 팽창

(2) 알칼리

퍼머제와 염색제의 알칼리제로 흔히 사용되는 암모니아로 인해 일어나는 모발의 팽창

(3) 물(수분)

모발의 수분 함유량이 높아짐에 따른 모발의 팽윤

3가지의 요인들은 퍼머넌트 웨이브의 시술 과정에 중요한 영향을 미친다. 열이 모발에 미치는 영향은 건열이나 습열에 따라 차이가 있다. 건열에서는 외관적으로 120℃ 전후에서 팽화되고, 130~150℃에서 변색이 시작되어 270~300℃가 되면 타서 분해하기 시작한다. 그러나 기계적인 강도는 80~100℃에서 약화되기 시작한다. 화학적으로는 150℃ 전후에서 시스틴(cystine)의 감소를 볼 수 있고, 130℃에서 10분간 케라틴(keratin)의 α형은 β형으로 변화한다.

2. 모발의 결합

1) 모발의 구성

모발은 화학적으로 케라틴 단백질로 구성되고, 각각의 단백질 분자 사이에는 분자 간의 힘 또는 결합이 존재한다. 모발은 이들 결합에 의해 성상, 형태를 유지하고 있다.

2) 아미노산과 펩타이드 결합

단백질을 구성하는 기본 단위는 아미노산(amino acid)이다. 아미노산은 탄소 원자에 아미노기인 $-NH_2$, 카복시기인 $-COOH$, 수소 원자인 H가 작용기인 R과 결합된 기본 구조를 갖고 있다. 이 작용기 R에 의해 아미노산의 종류가 결정되는데, R의 종류에는 20여 가지가 있다.

한 아미노산의 아미노기와 다른 아미노산의 카복시기 사이에서 물이 한 분자를 빠져 나오면서 결합이 일어나는데, 이를 '펩타이드 결합(peptide bond)'이라고 한다. 이러한 펩타이드 결합을 통해 아미노산이 여러 개 연결된 아미노산 사슬을 '폴리펩타이드(polypeptide)'라고 하며, 이 폴리펩타이드가 접히거나 꼬인 것이 여러 개 엉켜 덩어리를 이룬 형태를 '단백질'이라고 한다.

3) 결합의 종류

(1) 주쇄 결합

펩티드 결합은 세로 방향의 결합으로 세로 결합이라고도 하며 모발의 결합 중 가장 강한 결합이다. 폴리펩티드는 분자량이 10,000 이하로 작은 펩티드가 여러 개 이상인 것을 말하며, 분자량이 10,000 이상인 크기가 큰 형태의 것을 단백질(protein)이라 부른다. 케라틴 분자는 약 4,000개의 폴리펩티드 결합으로 되어 있다.

폴리펩티드 결합은 모발 내부에서는 나선형 모양으로 되어 있는데 모발이 자연 상태일 때는 α-케라틴, 모발을 잡아당겨 지그재그 상태일 때는 β-케라틴이라고 한다.

- **α-케라틴 :** 나선구조(긴 단백질 분자의 사슬이 나선으로 꼬여 있는 구조) 시스틴에 의해 견고성과 유연성을 지니고 있으며 강하고 물에 녹지 않는다.

- **β-케라틴 :** α-케라틴이 갖고 있는 분자 내의 수소결합이 절단되어 분자 사슬이 늘어난 상태. 뜨거운 물이나 수증기, 알칼리 등으로 처리된 모발은 β-케라틴으로 고정되어 수축되지 않기 때문에 유연성은 있으나 탄력성은 없다.(예 폴리펩타이드 결합)

(2) 측쇄 결합

모발의 결합 구조 중 가로 방향(횡)으로 연결된 결합을 측쇄 결합이라고 하며, 이는 케라틴 분자를 고정시켜 강도와 탄력 등 여러 가지 특성이 있다. 측쇄 결합에는 주로 시스틴(cystine) 결합, 염(salt) 결합, 수소(hydrogen) 결합의 3종류가 있지만, 이외에 소수성 결합, 공유 결합이 있다.

① 시스틴 결합

시스틴 결합은 측쇄 중앙의 황과 황의 결합이며, 수분이나 약산에서는 절단되지 않으며 열, 알칼리, 환원제에 의해 절단되는 성질을 이용한다. 즉 제1제 환원제는 모발의 시스틴 -S-S- 결합을 절단하여 시스테인 -SH로 환원 반응시키고, 제2제인 산화제는 환원된 모발을 산화 반응시켜 새로운 시스틴 S-S 결합을 형성시켜 웨이브를 형성하며, 현재 가장 보편화된 방법으로 사용된다.

- 아미노산의 R기에 S가 결합된 아미노산이 결합되어 있는 것
- 결합 강도가 강해 화학약품을 처리해야만 끊어짐
- 모발의 결정, 비결정 조직 간 함량이 각기 다름

② 염 결합

염 결합은 아미노기와 카르복시기의 결합으로 중성 아미노기, 산성 아미노기, 염기성 아미노기의 측쇄를 가지는 3종류로 이루어져 있으며, 측쇄를 가진 폴리펩티드 주쇄가 접근하면 아미노산이 이온화하여 상호 아미노기와 카르복실기가 정전기적으로 결합된다. 모발이 등전점일 때 결합력이 가장 높아지고, 산성 또는 알칼리성일 때 결합력이 약해지므로 이 결합을 절단시키기 위해 알칼리성 환원제를 사용하는 경우가 많다.

③ 수소 결합

수소 결합은 산소와 수소 간에 서로 당기는 인장력에 의한 결합으로 수소는 수분을 공급하면 절단되고 건조되면 재결합하는 성질을 가지고 있어, 물에 의해 쉽게 결합이 깨지게 되는 속성을 가지고 있다. 이 속성을 이용하여 일시적인 스타일링에 이용하는 경우가 많다.

- CO와 NH 그룹에 있는 O와 H가 결합하는 것
- 모발의 측쇄 결합에서 가장 많이 차지, 물에 의해서도 쉽게 절단
- 일시적인 세팅, 드라이 기술

3. 일반 콜드 퍼머넌트 웨이브의 원리

퍼머넌트 웨이브는 모발에 인위적으로 웨이브를 만들어 다양한 아름다움을 만들어주는 방법 중 하나로 가장 쉽게 스타일의 변화를 주어 새로운 이미지를 창출할 수 있다.

퍼머넌트 웨이브는 모발 내의 시스틴 결합, 염 결합, 수소 결합 등의 측쇄결합의 절단을 응용한 것이다. 즉 산화 · 환원반응에 의해 일어나는데, 1제를 이용한 환원반응, 2제를 이용한 산화반응으로 모발의 영구적인 웨이브를 만든다. 이것은 퍼머넌트 웨이브를 만드는 가장 기본적인 원리이며 퍼머넌트 웨이브는 물리적 · 화학적 원리에 의해 이루어진다.

1) 물리적 원리

두발의 80~95%를 차지하고 있는 모피질은 폴리펩타이드 결합을 한 탄력이 풍부한 섬유상의 경단백질로 되어 있으며, 모발이 자연 상태일 때 케라틴을 α-케라틴, 늘어난 상태를 β-케라틴이라고 한다. 즉, 모발의 탄성에 의해 α-케라틴을 잡아당기면 결사슬을 만들고 있는 결합의 일부가 잘려서 각 폴리펩티드가 β-케라틴으로 늘어나지만 가했던 힘을 잃게 되면 본래의 쇠사슬 구조 α-로 되돌아오는 성질을 가지고 있다. 이러한 모발의 물리적인 성질을 이용하여 로드 모양의 컬이 형성, 영구적인 웨이브를 만드는 것이다.

2) 화학적 원리

모발을 구성하는 케라틴은 섬유상의 경단백질이다. 그리고 케라틴을 만들고 있는 아미노산은 다른 단백질에 비해 시스틴이 많고 시스틴의 화학 구조의 일부인 시스틴 결합이 케라틴의 각 폴리펩티드 측쇄를 연결하는 다리 구조의 하나가 된다. 모발에 퍼머넌트 웨이브를 형성시키려면 모발의 측

쇄 결합 중 가장 강한 결합인 시스틴 결합을 절단해야 웨이브 형성이 용이하다. 자연적인 상태에서 쉽게 절단되지 않던 시스틴 결합은 제1제에 의해 절단되어 불안전한 시스테인을 형성하고 제2제를 도포하면 불안정했던 시스테인이 새로운 시스틴 결합으로 형성되면서 웨이브가 고정된다.

4. 퍼머제와 모발의 화학적 결합 관계

1) 열 방식과 화학 방식의 차이점

(1) 전기 퍼머(기계 퍼머)

모발은 아황산염의 알칼리성 용액을 고온에서 사용하는 것으로 시스테인기(–SH)와 아미노기(NH_2), –SOH, SO_3H 등 복잡한 반응을 하고 새로운 타입의 결합이 형성된다.

(2) 일반적인 콜드 웨이브 원리

콜드 웨이브의 원리는 퍼머제 1제의 주성분(환원제 : 치오글리콜산, 시스테인)과 퍼머제 2제 주성분(산화제 : 브롬산염, 과산화수소)에 의해 저온에서 환원 · 산화과정을 통해 영구적인 웨이브가 형성된다.

■ **퍼머넌트 웨이브의 원리**

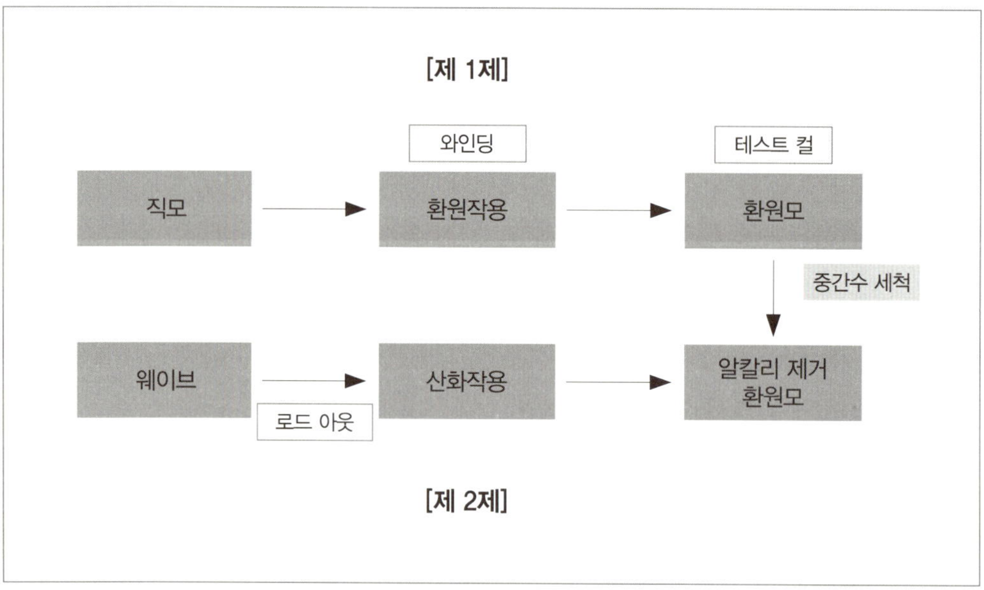

■ **퍼머넌트 웨이브 1제의 환원작용**

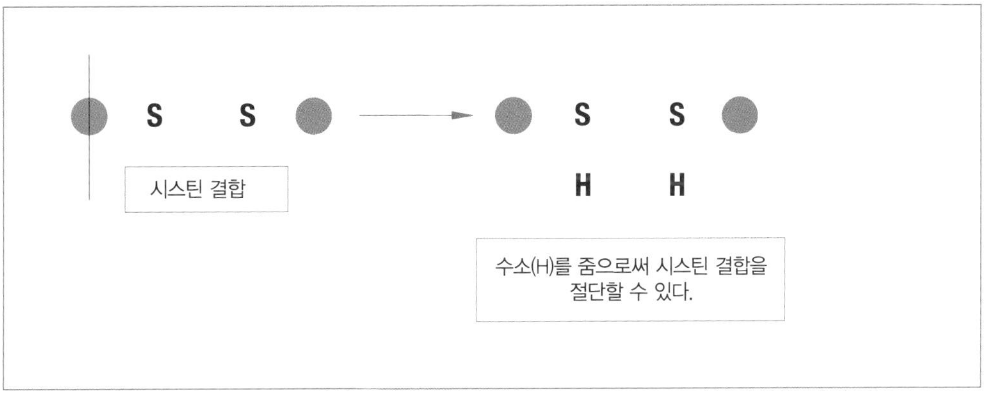

■ **퍼머넌트 웨이브 2제의 산화작용**

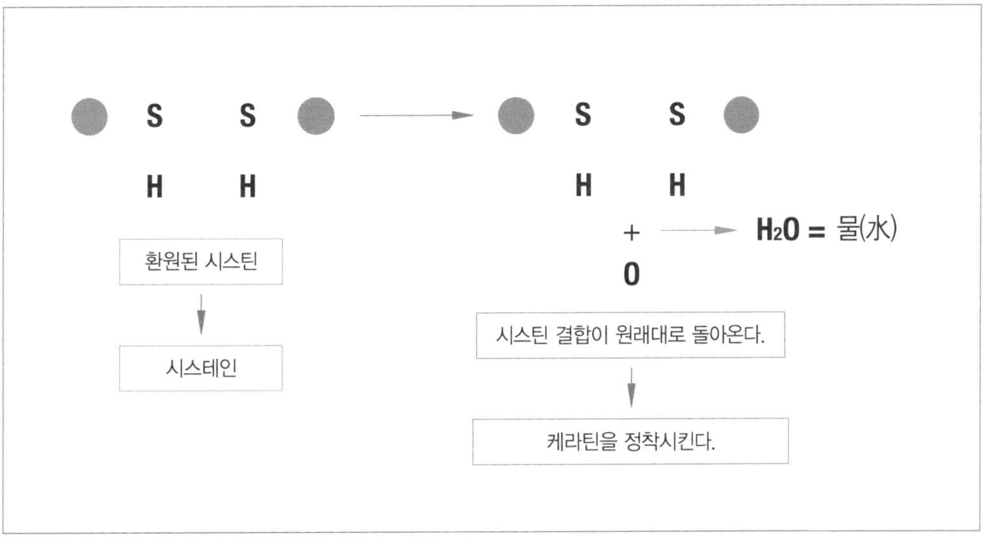

Chapter 5

퍼머넌트 웨이브의 성질

Properties of Permanent Waves

1. 퍼머넌트 웨이브의 진행 순서

◌ 시술 전 단계

① 모발 진단

퍼머를 하기 전에 모발의 손상을 줄이고 효과적인 약제를 선택하기 위하여 모발의 상태를 체크하는 진단을 실시한다.

② 전처리 샴푸

시술 전 모발의 헤어 스타일링제나 지나친 유분을 깨끗이 제거함으로써 펌제의 흡수를 돕고 형성을 용이하게 하는 단계이다.

③ 타월 드라이

샴푸 후 타월을 이용해 모발의 수분을 건조시킨다.

④ 사전처리

사전처리란 펌제를 사용하기 전에 모발 손상 방지 및 모발을 보호해서 균일한 웨이브를 얻기 위해 행해지는 전반적인 시술 처리를 의미한다.

⑤ PPT 트리트먼트 도포

◌ 본 시술

① 퍼머 1제 사전 도포

모발의 팽윤을 돕고 환원제의 침투를 원활히 하기 위해 1제를 사전 도포한다. 단, 모발의 길이에서 3/1 지점(모발 끝부분)에서 도포한다.

② 와인딩

모발 끝이 꺾이지 않도록 주의하고, 퍼머 스타일에 따라 각도에 주의한다.

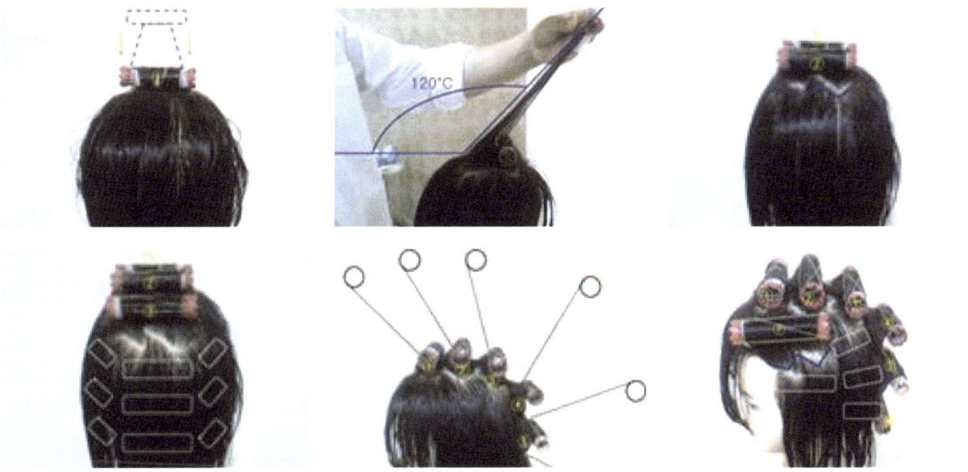

③ 와인딩 종료 후 헤어밴드 착용

와인딩이 끝나면 약제가 얼굴에 묻지 않도록 헤어밴드를 꼼꼼히 착용한다. 특히 귀 부분을 주의하여 커버한다.

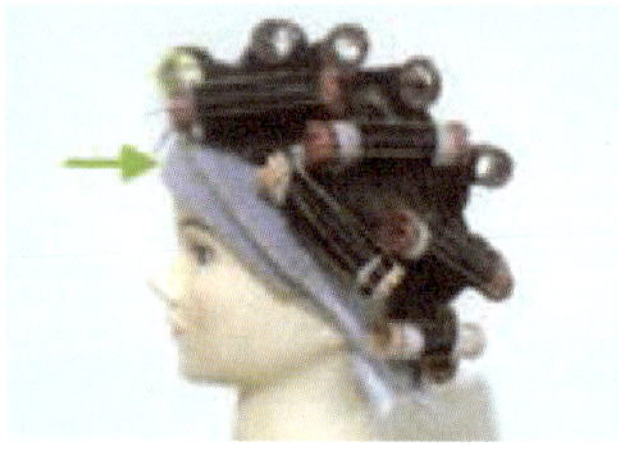

④ 1제 도포

퍼머제 1제를 후도포한다. 도포 시 약제가 골고루 모발에 도포될 수 있도록 한다. 도포가 끝난 후 비닐캡으로 모발을 씌운 후 외부와 차단하여 약제의 건조를 막고 일정한 온도가 유지되도록 한다.

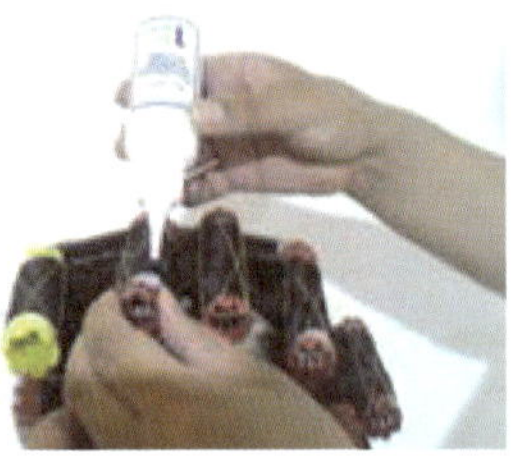

⑤ 방치 시간 및 테스트

실내 온도를 유지하여 약 5~25분간 방치한다. 단, 25분을 넘기지 않는다. 모발의 손상 정도에 따라 방치 후 와인딩한 로드를 풀어서 컬 테스트를 한다.

⑥ **중간세척**

1제의 알칼리제와 환원제를 헹구어내어 2제의 작용을 원활히 하기 위해 미온수로 로드에 묻은 약제를 깨끗이 헹구어 내고 타월 드라이하여 남아있는 물기를 드라이어로 건조시킨다. 중간세척이 필요하지 않은 경우나 여의치 않을 때는 pH 밸런스로 대체할 수 있다.

⑦ **2제 도포**

2제를 도포하고 모발에 따라 5~20분간 방치한다. 경우에 따라 2번에 나누어 도포할 수 있다.

⑧ **로드 아웃**

전체 로드를 풀어서 제거한 후 미온수로 깨끗이 헹구어 낸다.

⑨ **스타일링**

타월 드라이 후 스타일링한다.

2. 모발과 퍼머넌트 웨이브제의 관계

1) 모발의 질

사람의 모발은 모질, 모류, 모량 등의 개인차가 있고 여러 가지 모질로 되어 있다. 이러한 모질을 파악하는 것이 기본적으로 중요하다.

2) 모질에 따른 기술(winding)

모질에 따라 로드의 크기, 종류를 선택하며 와인딩할 모발의 양에 따라 와인딩 테크닉이 달라질 수 있다.

3) 모질에 따른 퍼머넌트 웨이브제의 선택

모질에 따라 퍼머넌트 웨이브제를 적절하게 사용하여야 한다.

(1) 모질의 분류

① **본질적 분류 :** 직모, 파상모, 축모

② **체질적 분류 :** 유(지)성모, 보통모, 건조모

③ **물리적 분류 :** 강모, 경모, 보통모, 연모

④ **화학처리 분류 :** 버진모(미처리모), 퍼머모, 헤어컬러모

⑤ **손상 분류 :** 건강모, 보통모, 손상모

⑥ **그 외(병, 이상) :** 결절성 열모증, 백모, 그 외

3. 퍼머넌트 웨이브제의 화학적 결합

1) 펩타이드 결합

모발의 결합 중 가장 강한 결합으로 아미노산과 아미노산의 결합으로 이루어진다. 주로 모발에 있어 세로로 결합되어 있어 세로 결합이라고도 하며, 가장 강한 결합이라 주쇄 결합이라고도 한다.

2) 시스틴 결합

시스틴 결합은 이황화 결합이라고도 하는데 이는 황과 황(S)의 결합이기 때문이다. 황은 모발의 구성 성분 중 시스틴이라는 아미노산이 존재한다.

3) 염 결합

염 결합은 이온 결합이라고도 한다. 즉 전기적인 (+)와 (−)의 결합이다.

4) 수소 결합

수소 결합은 수소(H)와 산소(O)의 결합이다.

4. 퍼머넌트 웨이브제의 구성성분

1) 퍼머넌트 웨이브제

(1) 아황산나트륨(Sodium Sulfite)

약한 환원제로 웨이브 형성이 매우 약하기 때문에 열의 힘과 얇은 로드를 사용하지 않으면 확실한 효과를 얻기 어렵다.

(2) 시스테인계 – 치오계와 작용은 같다.

화장품으로서의 배합량에 제한이 있으며 치오계와 비교하여 약하다. 손상모에 효과적이며, 건강모에는 부적합하다. 사용 로드를 얇게 하는 등의 연구가 필요하다.

(3) 시스테아민

퍼머제의 환원제와 같으나, 배합량이 적다. 분자량이 작기 때문에 침투성이 높고 웨이브 형성력이 있다. 시스테아민 자체는 생체 중에 작용하는 성분의 하나여서 안전성에 문제는 없지만 보존 중에 괴상화 현상을 일으켜 취급이 까다롭기 때문에 염산을 첨가한 시스테아민염산염이 퍼머넌트 웨이브용으로 가공되고 있다.

(4) E치오유산계

앞으로 사용이 가능하게 될 예정인 환원제이나.

2) 퍼머넌트 웨이브 제 1제

(1) 환원제

치오글리콜산, 치오글리콜산암모늄(암모늄치오글리콜레이트) L–시스테인, DL–시스테인, 시스테아민, 아세틸 시스테인 등이 있다.

(2) 알칼리제

암모니아, 모노에탄올아민, 탄산수소암모늄 등이 있다.

(3) 첨가제

안정제, 킬레이트제, pH 조절제, 계면활성제, 트리트먼트제 등이 있다.

3) 환원제의 역할

모발의 시스틴 결합을 자르는 작용을 한다. 치오글리콜산은 침투력이 높고, 웨이브를 만드는 폭이 넓다. 시스테인은 모발을 구성하는 성분과 같으며, 부드러운 질감을 얻을 수 있다. 반면 침투력이 낮고, 모발로의 작용은 치오계보다 약한 단점이 있다. 현재 많이 사용 중인 시스테아민은 치오계나 시스테인계에 비해서 웨이브의 형성력이 큰 것이 특징이다.

비교적 저 배합량이라도 효율성 있게 컬을 형성할 수 있다는 장점이 있다.

또한 반복해서 시술을 해도 모발 본래의 탄력이나 윤기가 유지되며, 다른 성분에 비해서 모발의 팽윤이 적고, 손상의 정도가 적다.

4) 환원제의 종류

(1) 치오글리콜산계 종류

① **치오글리콜산 :** 퍼머제의 주제로 알칼리제로 중화하여 사용하며, pH는 산(1.5)이다.

② **치오글리콜산암모늄 :** 암모니아로 중화한 것이다.

③ **치오글리콜산에탄올아민 :** 모노에탄올아민으로 중화한 것이다.

(2) 시스테인계 종류

① **L-시스테인(천연아미노산) :** 중성아미노산으로 모발을 구성하는 아미노산과 동일하며, 산화되어 시스틴을 생성하기 쉽다.

② **DL-시스테인(합성 아미노산) :** D-체와 L-체의 같은 양 혼합물로 L-시스테인에 비해 시스틴을 생성하기 어렵다.

③ **염산 L- 시스테인(천연아미노산)/염산DL-시스테인(합성아미노산) :** 염산염을 중화해야 하므로, pH 조절제 등의 알칼리제를 과잉으로 사용해야 하는 단점이 있다.

5) 알칼리제의 역할

pH를 높이고 모발을 팽윤 · 연화시켜서 퍼머제의 침투를 높이고 환원제의 작용을 활발하게 만든다. 암모니아, 모노에탄올아민, 탄산수소암모늄 등이 있으며 배합하는 종류에 따라서 퍼머제의 작용이 달라진다.

6) 알칼리제의 종류

■ **알칼리제의 차이에 따른 콜드계 1제의 특성**

구분	특성
암모니아계 (암모니아수)	· 휘발성, 자극적 향이 강하고 알칼리 잔류가 적다. · 오버 타임이 적다. · 배합량에 따라 pH 상승이 현저하며 웨이브 형성력이 강하다.
아민계 (모노에탄올아민 트리에탄올아민 등)	· 불휘발성, 자극적 향이 적고 알칼리 잔류가 많다. · 오버 타임이 적고 팽윤이 낮다. · 배합량에 따라 pH 상승이 현저하므로 웨이브 형성이 강하다.
중성염계 (탄산수소암모늄 중탄산암모늄 등)	· 불발휘성, 자극적 향이 적고 알칼리 잔류가 많다. · 오버 타임은 비교적 적다. · 배합량을 증가해도 pH 상승이 어려우므로 웨이브 형성이 약하다.
염기성아미노산계 (아르기닌)	· 알칼리성 아미노산으로 잔류해도 손상이 적다. · 특이취, 팽윤성이 낮다. · 모발과의 친화성은 높으나 반응은 약하다.

7) 퍼머넌트 웨이브 제 2제

산화제-브롬산나트륨, 브롬산칼륨, 과산화수소

(1) 산화제의 역할

1제에 의해 잘린 시스틴 결합을 재결합시키는 작용을 한다. 과산화수소는 반응이 빠르고 산화력이 강하며, 방치 시간이 브롬산나트륨에 비해서 시간의 단축이 가능하다. 웨이브의 형태를 고정하고 유지시켜 주는 작용은 브롬산나트륨 타입이 일반적으로 많이 사용되고 있다. 2제는 산화력의 차이만이 아니라 처리 후의 모발의 pH, 질감, 헤어 컬러의 퇴색에도 영향을 주므로 목적에 맞추어 잘 사용해야 한다.

(2) 산화제의 종류

① 브롬산나트륨(브롬산소다(NaBrO))

㉠ 산화작용은 약하며 모발의 손상과 변색이 적다.

㉡ pH 5~7이고 방치 시간은 10~20분 전후이다.

② 과산화수소(H_2O_2)

㉠ 산화작용은 강하며 모발의 손상과 변색이 크다.

㉡ pH 2.3~3.5이고 방치 시간은 5~10분 전후이다.

8) 첨가제

퍼머넌트 웨이브제의 모발 침투를 좋게 하거나 안정성, 사용감, 냄새 등을 개선하기 위해 1제나 2제에 첨가하는 성분이다.

(1) 습윤제

모발의 손상 부위에 잘 흡착되는 성질이 있기 때문에 손상모의 회복도 기대되고 또 약액에서 모발을 보호하기 위해서도 사용되고 있다.

(2) 유화제, 가용화제

퍼머 약제에는 피부나 모발을 보호하거나 감촉을 좋게 할 목적으로 유지, 왁스 그 밖의 성분을 첨가시킨다.

(3) 유성성분

모발에 유분이나 영양분을 보급하고, 모발을 약제에서 보호시킬 수 있는 성분으로 동 · 식물유, 왁스, 광물유 등을 사용한다.

(4) 향료

천연의 향료로서는 식물의 꽃이나 잎 등에서 얻을 수 있는 정유라고 불리는 성분이나 동물의 종류에서 얻어지는 분비물을 사용하고 있다.

(5) 그 밖의 원료

치오글리콜산, 시스테인, 과산화수소 등은 철, 동, 그 밖의 금속이 약간이라도 들어가면 안정성이 현저히 나빠진다. 이러한 원인을 제거하기 위해 미량의 금속을 봉쇄하는 킬레이트제(금속 봉쇄제)를 안정제로 첨가시키고 있다.

Chapter

6

퍼머넌트 웨이브의 과정

Permanent
Wave
Process

1. 일반 퍼머 시술 과정

시술 과정	내용
카운셀링 & 모발 진단	
프레 샴푸	모발 진단에 따라 손상도가 높을 때는 건처리용 트리트먼트용으로 프레 처리한다.
〈전처리제〉 도포	타월 드라이 한 상태에서 디자인한 부분에 어플리케이터로 도포 표준 사용량 : 약 25mL[2](제 1제를 80mL 사용할 경우) * POINT : 1제 사용량의 1/3이 기준
와인딩	
〈퍼머 1제〉 도포	[표준 사용량] 80 mL
프로세스 타임	캡을 씌우고 5~20분 방치
테스트 컬 & 중간 세정	제 1제를 세척
〈퍼머 2제〉 도포(1st)	[표준 사용량 합계] 80mL [표준 사용량] (80mL 사용의 경우) 60mL가 기준 * POINT : 확실하게 정성스럽게 도포
프로세스 타임	[시간] 10분간
〈퍼머 2제〉 도포(2nd)	[표준 사용량] (80mL 사용의 경우) 20mL가 기준 * POINT : 확실하게 정성스럽게 도포
프로세스 타임	[시간] 5분간 ※ 기본은 5분이지만, 경모이고 손상도가 낮은 경우는 5~10분간
로드 아웃	
플레인 린스 & 트리트먼트	
스타일링	

1) 기본 프로세스 포인트

(1) 카운셀링 & 모발 진단

원하는 웨이브의 표현이나 모질의 약제를 선택해 주십시오.

■ **약제 선택의 표준**

약제	원하는 웨이브 표현	질감 · 느낌	표현	모질
a	분명하고 뚜렷하게	탄력있고 부드러운 웨이브 · 컬 (공통)	뚜렷하고 부드러운 웨이브	펌이 잘 안 되는 모발
b	확실하고 부드럽게		견고하고 부드러운 웨이브	펌이 잘 되는 모발
c	매끈하고 부드럽게		매끈하고 부드러운 웨이브	손상모나 펌이 잘 되는 모발
d	볼륨 있고 뚜렷하게		볼륨감 있는 부드러운 컬	손상모나 펌이 잘 되는 모발

■ **데미지 대응력의 표준**

약제	모질	데미지 레벨 0	데미지 레벨 1	데미지 레벨 2	데미지 레벨 3	데미지 레벨 4
a	경모	○	○	○	○	–
	연모	○	○	○	△	–
b	경모	–	△	○	○	○
	연모	–	○	○	○	△
c	경모	–	–	△	○	○
	연모	–	–	△	○	○
d	경모	–	–	△	○	○
	연모	–	–	△	○	○

(2) 프레 샴푸

① 모질이나 데미지에 맞는 샴푸를 사용한다.

② 두피에 강한 자극을 주지 않도록 부드럽게 프레 샴푸를 한다.

③ 샴푸 후 충분한 타월 드라이를 해준다.

(3) 전처리제 도포

① 타월 드라이 후, 블로킹하고 전처리제 전용 어플리케이터나 입구가 작은 어플리케이터로 균일하게 도포한다.

② 처음에 "P" O블록을 잡는다.

③ 블록 번호순대로 ①~⑩ 네이프부터 도포한다.

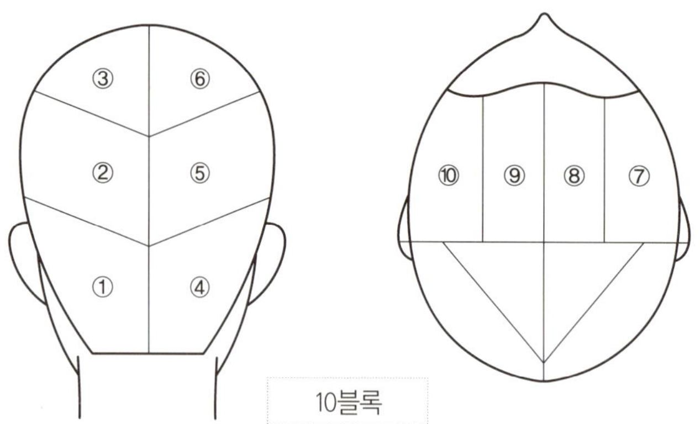

10블록

④ 도포 후에는 엄지와 검지로 패널을 끼우고, 흡수가 되도록 미끄러뜨린다. 그 후, 패널에 빗질한다.(전처리제가 모선에 뭉치지 않도록 주의한다.)

⑤ 전처리제를 도포하기 전에 건조해지기 쉬운 모발, 손상도가 높은 모발은 워터스프레이 등으로 가볍게 수분을 보충해 준다.

◌ 도포의 포인트

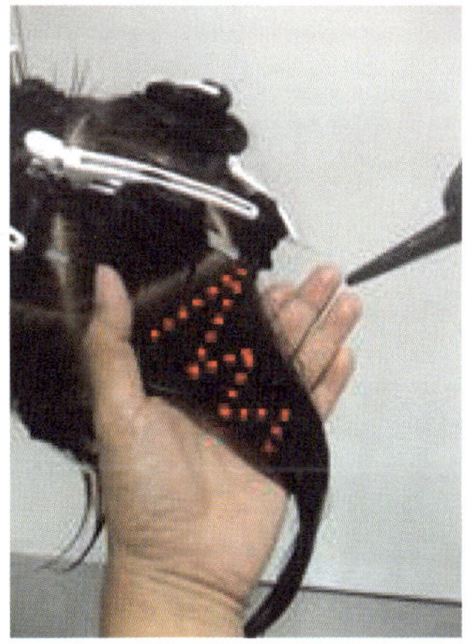

① 도포는 모근에서 평행으로 라인을 잡는다.

② 각 패널의 정확한 도포 조작을 위해 지그재그로 도포한다.

③ 모발의 길이와 양에 맞추어 사용량을 조절한다.

④ 어플리케이터 도포 각도와 스피드에 주의한다.

(4) 와인딩

① 기본적으로는 전처리제를 도포한 상태에서의 와인딩 기술을 추천한다.

② 와인딩 기술 중, 모발이 마를 때는 전처리제를 재도포하지 않고, 워터 스프레이로 수분을 보충해 준다.

(5) 퍼머 1제 도포

① 빅 로드, 롱 로드를 사용할 경우 로드의 표면만 도포하지 말고, 정성스럽게 로드의 안쪽으로 도포해 준다.

② 도포 후에는 헤어밴드를 바꾸어 준다.

(6) 프로세스 타임

사용 약제, 데미지 레벨, 모질에 따라 5~20분간 비닐캡을 하고, 실온에서 방치해 둔다.

■ 프로세스 타임의 기준

* 표준타임이므로, 모질에 따라 시간은 조절해 준다.

약제	데미지 레벨 0	데미지 레벨 1	데미지 레벨 2	데미지 레벨 3	데미지 레벨 4
a	13~20분	10~15분	7~12분	5~10분	
b		12~17분	10~15분	7~12분	5~10분
c			12~17분	10~15분	5~12분
d			12~17분	10~15분	5~12분

(7) 테스트 컬 & 중간 세척

① 테스트컬을 체크하여 웨이브를 확인했으면 중간 세척을 한다.

② 미온수로 헹구어내어 1제를 2제의 작용을 원활히 하기 위해 확실하고 정성스럽게 씻어 낸다.

③ 중간 세척 후, 로드 위부터 타월로 가볍게 누르듯 여분의 수분의 닦아내 준다.

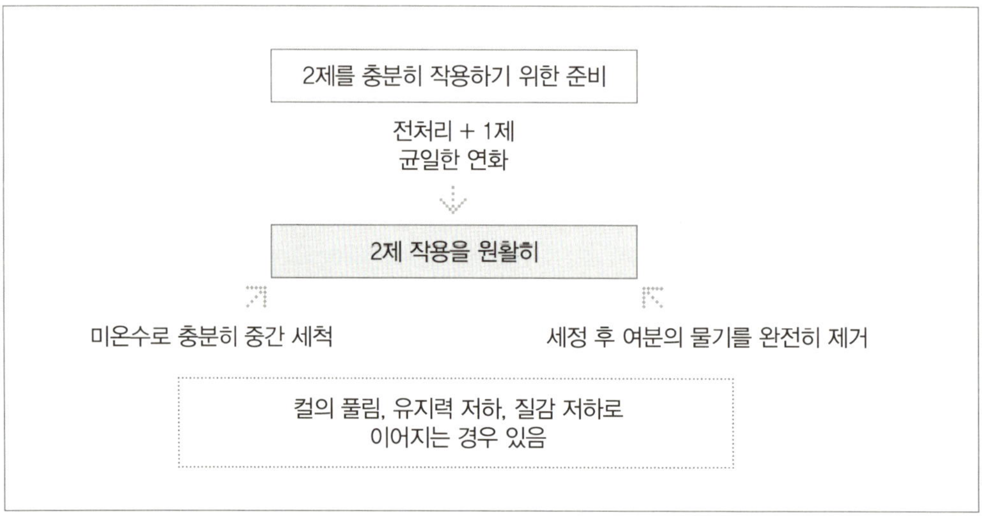

(8) 퍼머 2제 도포(1st)

① 1제와 같은 양을 도포해 준다.

② 빅 로드, 롱 로드를 사용할 경우는 로드의 안쪽에도 정성스럽게 도포한다.

(9) 프로세스 타임

(10) 퍼머 2제 도포(2nd)

2제의 특징을 살리고 충분히 작용시키기 위해 네이프에서 로드마다 1.5회 이상 왕복하며 정성스럽게 도포해 준다.

(11) 프로세스 타임

(12) 로드 아웃

정성스럽게 로드를 아웃한다.

(13) 프레인 린스 & 트리트먼트

① 약제가 남지 않도록 헹궈준다.

② 모질에 맞는 트리트먼트를 사용해 준다.

(14) 스타일링

① 모발보호제를 사용하고, 드라이한다.

② 마무리의 디자인에 따른 헤어스타일링제를 사용해 준다.

2. 열 퍼머 시술 과정

디지털 퍼머넌트(Digital permanent wave)

사용 미용 도구

디지털 퍼머 로드, 디지털 퍼머 페이퍼, 디지털 퍼머기, 꼬리빗, 위그, 마네킹, 홀더, 분무기 등

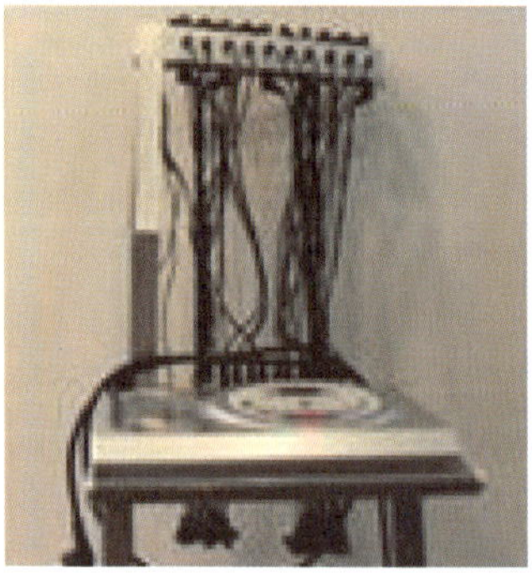

◌ 시술 순서

① 카운슬링 & 모발 진단

② 프레 샴푸

③ 액상 타입의 전처리제(PPT)를 모발 전체에 도포한 후 크림 타입의 전처리제(LPP)를 모발 끝부분에 덧발라준다.

④ 퍼머 1제를 모발에 사전 도포한다.

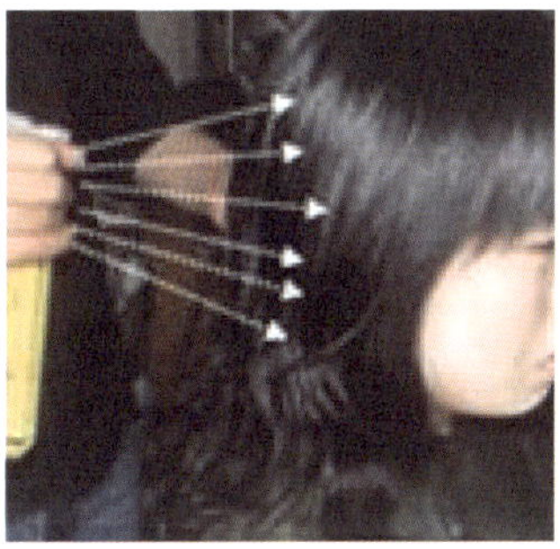

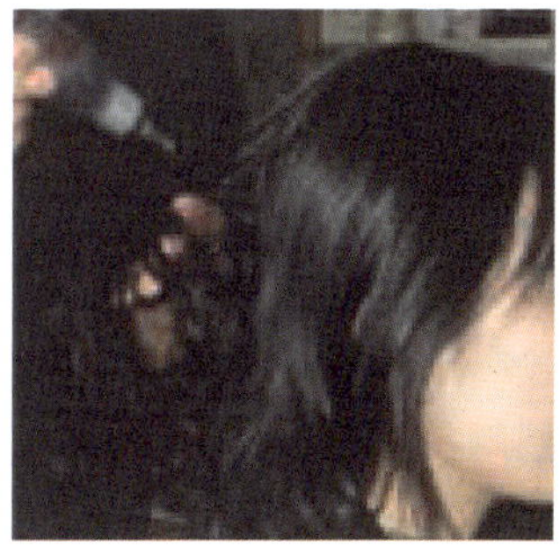

⑤ 와인딩

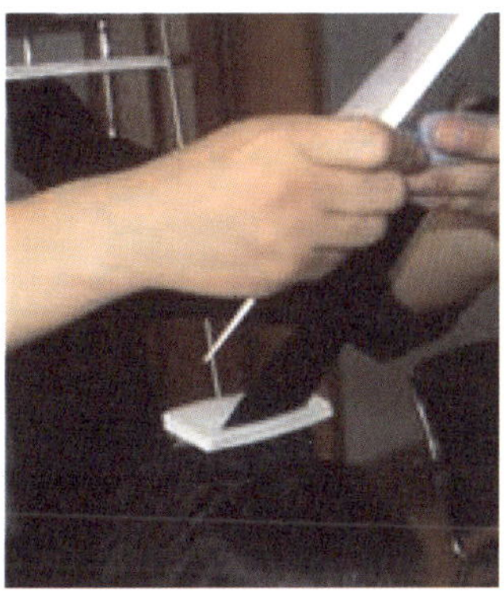
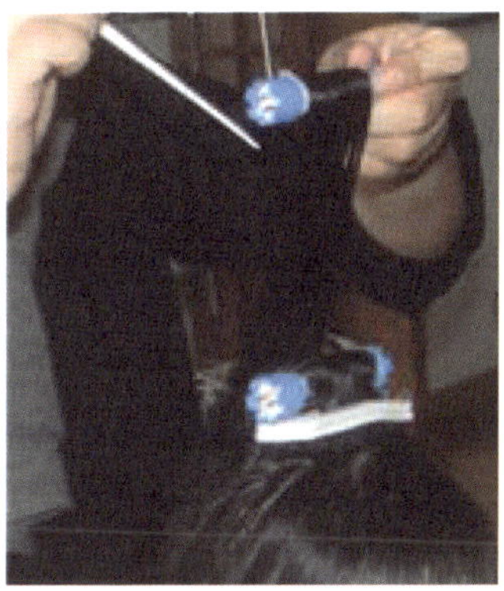
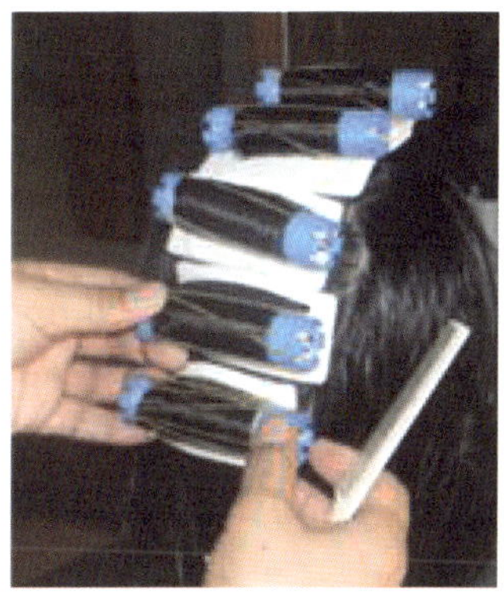

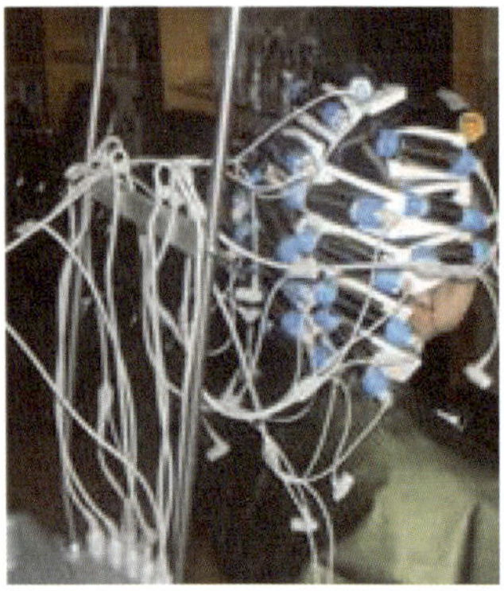

⑥ 와인딩 종료 후 1제 도포 후 선을 연결하고 설정 온도로 맞춘 후 타이머를 작동한다.

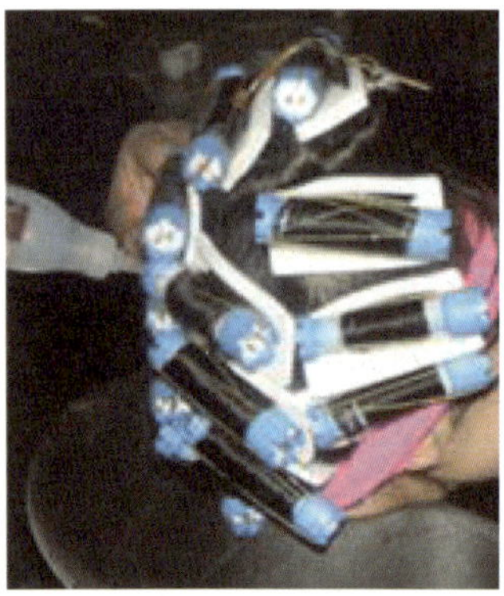

⑦ 프로세스 타임

⑧ 테스트 컬

⑨ 퍼머 2제 도포(1st)

⑩ 프로세스 타임

⑪ 퍼머 2제 도포(2nd)

⑫ 프로세스 타임

⑬ 로드 아웃

⑭ 프레인 린스 & 트리트먼트

⑮ 스타일링

3. 퍼머 시술에 따른 주의사항

① 고객의 모발이나 두피의 상태, 원하는 스타일을 잘 이해하고 스타일을 결정한다.

② 모발진단을 통해 시술 방법을 결정하고 시술 전 가벼운 플레인 린스를 한다.

③ 디자인에 따른 로드 선정을 해야 한다.

④ 고객의 옷이나 얼굴에 퍼머제가 묻지 않도록 세심한 주의를 기울인다.

⑤ 스틱을 이용하여 고무밴드에 의한 모발 절단이나 자국이 남지 않도록 한다.

⑥ 환원제, 산화제 도포 시 로드 전체에 고루 도포하도록 한다.

⑦ 퍼머제를 사용할 때에는 손의 보호를 위해 고무장갑을 착용한다.

⑧ 고객관리를 위해 시술 후 고객카드를 작성하여 관리한다.

⑨ 가정에서의 손질 및 관리법을 설명한다.

㉠ 퍼머넌트 웨이브 후 48시간(72시간) 내에 샴푸하지 않는다.

㉡ 염색 후 퍼머넌트 웨이브는 최소한 1~2주 후에 한다.

㉢ 사우나를 삼가하고 저녁에 시술했을 경우 완전히 건조 후에 취침한다.

㉣ 뜨거운 물로 샴푸하면 웨이브가 쉽게 풀린다.

⑩ 와인딩 시 주의사항

㉠ 각도는 두상과 퍼머 기법에 따라 정확하게 잡는다.

㉡ 로드 와인딩 시 흔들거리면 안 된다. 그러나 긴 머리 와인딩 시에는 좌우로 움직이면서 와인딩하여 양 옆 가장자리가 느슨하게 와인딩되지 않도록 한다.

4. 퍼머넌트 웨이브제의 실패에 따른 원인

퍼머넌트 웨이브는 모발의 진단, 퍼머약제, 기술 3가지 요소에 영향을 받는다.

1) 웨이브가 나오지 않을 경우

(1) 원인이 모발에 있는 경우

① 저항성 모발이나 발수성모 또는 힘이 가는 모발, 많이 손상된 모발

약액의 침투가 힘든 모발이거나 너무 손상된 모발로 약액이 그 효력을 발휘하지 못하는 모발이다.

② 직업에 의해 웨이브가 나오지 않는 모발

기름을 사용하는 직업을 가진 사람들의 모발에는 기름이 스며들어 발수성이 되어 있어 웨이브 형성이 잘 안 된다. 금속 기계 공장에서 일하는 사람이나 근처 주민은 모발에 금속이 부착되어 있는 경우가 많아 1제를 도포하면 1제가 적자색으로 변성되고 이에 따른 희석작용에 의해 퍼머를 만드는 작용이 약해져 웨이브 형성이 힘들다. 해안가 지역 역시 소금기(나트륨)에 의해 웨이브 형성력이 미흡하다.

(2) 약액에 원인이 있는 경우

약제가 공기 중에 산화되었거나 햇빛에 산화되어 변성된 경우 또는 고객의 모발이 저항성 모발인데 약액의 종류가 그 모발에 맞지 않고 약했을 때 생기기도 한다. 저항모일 때는 치오계를 사용하고 손상모일 때에는 시스틴계를 사용한다.

(3) 기술에 원인이 있는 경우

① 스타일에 따른 로드의 선정이 중요하다.

② 웨이브 자체의 굵기에는 한계가 있으므로 어떤 굵기(예 35mm 이상)의 로드를 사용해도 웨이브가 형성되는 것이 아니다. 또한 1액의 양이 부족하게 도포된 경우, 중화가 적절하게 시술되지 않은 경우, 너무 젖은 모발에 와인딩한 경우, 와인딩에 의한 텐션과 1제와 2제의 도포량, 방치 시간 등이다.

5. 퍼머넌트 웨이브제의 실패 시 해결 방법

(1) 모발 끝이 너무 상한 경우

퍼머넌트 웨이브제가 너무 강할 경우, 과도한 염색이 되어 있는 경우, 과도한 텐션을 하거나 오버 프로세싱을 한 경우 등이다. 이미 손상된 모발은 다시 회복되지 않기 때문에 적당한 커트와 컨디셔너를 해준다.

(2) 웨이브가 금방 풀어지는 경우

중화가 충분히 되지 않거나 퍼머 후 마무리할 때 무리한 드라이로 텐션이 많이 들어가면 풀어진다. 모발의 상태에 따라 약액을 선택해 다시 시술해 준다.

(3) 모발이 끊어지는 경우

고무줄을 강하게 고정시키거나, 고정시킨 위치가 너무 두피 안쪽일 때 와인딩 시 텐션을 많이 주고 약액이 모발에 비해 너무 강한 경우가 생긴다. 이미 끊어진 모발은 어쩔 수 없으므로 나머지 모발에 트리트먼트를 시술해 준다.

(4) 모발 건조 후 웨이브 형태가 좋지 않은 경우

프로세싱 타임이 너무 길거나, 스타일링 시 너무 많이 당긴 경우 발생한다. 오버 프로세싱 타임이 원인일 경우 트리트먼트를 해주고 스타일링 시 당김에 의한 원인이라면 물을 뿌려 드라이기를 사용하지 않고 촉촉한 상태로 제품을 도포하여 말리거나 손으로 뭉치게 잡고 형태를 만들면서 드라이해서 마무리한다.

(5) 모발 끝이 뻗는 경우

모발 끝이 다 감기지 않거나 모발 끝이 너무 손상될 때 발생한다. 끝을 정기적으로 커트한다.

(6) 헤어라인 주위가 빨갛게 붓거나 따끔거릴 경우

약액이 잘못 도포되어 장시간 방치되거나 보호용 크림을 바르지 않고 약액이 흘러내리면 발생한다. 찬물이나 물티슈, 물수건으로 닦아 낸다.

(7) 웨이브가 너무 과도하게 나왔을 경우

희망한 웨이브보다 작은 로드를 사용하거나 약액이 강하면 발생한다. 모발 상태에 따라 괜찮다면 약액을 사용해서 펌을 풀거나 굵기가 굵은 로드로 다시 와인딩한다.

6. 퍼머 후의 처리

① 시술 후 충분히 씻어내어 모발에 약액이 남지 않도록 해야 한다. 퍼머넌트 웨이브 시술 후 퍼머액이 모발에 남아 있으면 모발이 점점 탈색될 가능성이 있으며 계속해서 웨이브가 거칠어진다. 또한 모발 속의 멜라닌색소는 1액인 환원제에 의해 탈색되므로 퍼머 후 개개인의 차이점은 있으나 퍼머 후 탈색에 의해 모발이 빨갛게 되는 경우도 있다. 1액 또한 모발에 남아 있으면 멜라닌색소를 탈색시킬 염려가 있으므로 충분히 헹궈내고 산성린스를 이용해 모발의 등전점을 맞추도록 해야 한다.

② 퍼머넌트 웨이브 시술 후 모발의 케라틴이 원래 상태로 재결합이 일어나는 시간이 72시간(최소 48시간) 정도가 소요된다. 이 시간 동안 모발의 구조가 매우 약해져 조그만 자극에도 손상되기 쉽기 때문에 샴푸나 브러싱, 심한 빗질, 드라이, 세팅 등의 자극이 가해지면 모발이 손상되거나 웨이브가 쉽게 풀리기도 한다.

③ 퍼머 모발은 자연 상태의 모발보다 건조하고 손상으로 인해 다공성이 되어 있으므로 트리트먼트를 자주 해주어야 한다.

④ 퍼머와 염색은 동시에 시술하지 않고 며칠간의 간격을 두고 시술하는 것이 좋다. 퍼머넌트 웨이브 시술 후 염색을 하게 되면 알칼리 성분의 염색제가 모발에 침투해 웨이브가 늘어지며 반대로 염색 후 펌을 하게 되면 퍼머제에 의한 멜라닌색소가 탈색되거나 염색된 색소분자가 빠지는 등 앞에 염색한 모발색이 변형 · 퇴색된다. 부득이 시술할 경우 트리트먼트를 도포하고 탈색과 웨이브가 늘어지는 것을 고려하여 시술한다.

7. 퍼머넌트 웨이브의 안정성과 법규

(1) 화장품법

퍼머넌트 웨이브제의 화장품법상 분류는 화장품에 속해 있다. 화장품법은 의약품, 의약외품, 화장품 및 의료용구에 대해 이것의 품질 효능성 및 안전성을 확보하는 것을 목적으로 한다. 하지만 외국의 많은 퍼머넌트 웨이브제나 염모제를 화장품으로서 취급하지 않고 의약외품의 분류에 넣고 있다.

(2) 퍼머넌트 웨이브제 기준

화장품법에는 보건위생상의 위해(危害)를 방지하기 위해 필요하다고 인정될 때는 의약외품, 화장품 또는 의료용구에 대해 그 성질, 품질, 성능 등에 관해 필요한 기준을 설정할 수 있다고 규정하고 있다.

(3) 퍼머넌트 웨이브제의 사용상 주의

퍼머넌트 웨이브제는 용법이나 용량을 엄수해 바르게 사용하지 않으면 모발이나 피부 등에 장애를 일으키거나 생각치 않던 사고를 일으키고 모든 종류의 퍼머넌트 웨이브제에는 그 첨가문서에 사용상의 주의를 기재하는 것이 의무로 붙여져 있다.

(4) 성분 및 사용기한 등의 표시

의약부외품의 직접용기에는 화장품법에 정해진 사항을 기재해야 한다.

Chapter 7

퍼머넌트 웨이브제의 종류

Types of Hair-waving Agents

1. 퍼머넌트 웨이브제 성분과 가온 여부에 따른 종류

① 치오글리콜산을 주성분으로 한 1욕식 콜드웨이브
② 치오글리콜산을 주성분으로 한 콜드 2욕법 웨이브 퍼머
③ 시스테인을 주성분으로 하는 콜드 2욕법 웨이브 퍼머
④ 치오글리콜산을 주성분으로 하는 가온 2욕법 웨이브 퍼머
⑤ 치오글리콜산을 주성분으로 하는 콜드 2욕법 스트레이트 퍼머
⑥ 치오글리콜산을 주성분으로 하는 가온 2욕법 스트레이트 퍼머

2. 퍼머넌트 웨이브 용제의 종류 및 특징

(1) 치오글리콜산을 주성분으로 한 1욕식 콜드웨이브

보통 콜드 웨이브라고 하는 경우 2욕식을 말하는데 1욕식 콜드 웨이브는 약액 1종류만 사용해서 시술하는 방법이다. 성분은 2욕식에서 1액과 거의 같지만 치오글리콜산의 농도나 알칼리제의 양이 2욕식보다 아주 낮게 되어 있다. 또 2액의 산화제를 쓰는 대신에 공기 중이나 수중의 산소로 시스틴 결합을 시키는 자연산화를 이용하고 있다.

(2) 치오글리콜산을 주성분으로 한 콜드 2욕법 웨이브 퍼머

현재 가장 많이 사용되고 있는 퍼머넌트 웨이브 방법이다. 제1제의 주성분으로 치오글리콜산과 암모니아가 가장 많이 사용되고 무취 형태로는 치오글리콜산 모노에타놀아민이 사용된다.

(3) 시스테인을 주성분으로 하는 콜드 2욕법 웨이브 퍼머

일반적으로 시스테인 퍼머넌트라고 불리며, 이 제품이 시판되어 활성화된 것은 1970~1980년 사이이다. 시스테인(cysteine)은 아미노산의 한 종류이며, 모발 중에 포함되어 있는 시스틴(cystin)을 염산으로 가수 분해시켜 얻어낸 것이다. 이때 시스틴을 환원시키면 시스테인을 얻을 수 있으며 시스테인은 치오글리콜산보다 분자량이 크다. 농도, pH, 알칼리는 시스테인이나 치오글리콜산이 거의 같으나 웨이브의 효과는 치오글리콜산보다 20~30% 정도 약하다. 시스테인 퍼머넌트는(웨이브제는 치오글리콜산 퍼머넌트 웨이브제와 비교했을 때) 특히 손상모에 사용하면 효과적이다.

(4) 치오글리콜산을 주성분으로 하는 가온 2욕법 웨이브 퍼머

환원제를 모발에 도포하고 로드를 이용하여 와인딩한 후 비닐 캡을 씌워 스팀 적외선 램프 등으로 가온하는 방식과 플라스틱제의 세팅기 또는 고무제의 세팅기를 가열장치로 가열하여 모발에 와인딩하는 가온 방식, 아이론(iron)에 의한 방식 등에 사용되는 퍼머넌트 웨이브이다. 가온 방식 웨이브제는 콜드 2욕법 퍼머넌트 웨이브제에 비교해서 치오글리콜산의 농도, pH, 알칼리의 수치는 낮게 설정되어 있다. 이는 열에 의한 웨이브의 방치시간 초과를 방지하기 위한 처방이다.

(5) 치오글리콜산을 주성분으로 하는 콜드 2욕법 스트레이트 퍼머

축모 교정제라 불리는 이 퍼머는 곱슬머리의 교정과 강하게 웨이브진 머리를 풀어주는 방법으로 1983년경 이 퍼머가 유행되었고 현재 다양한 기법과 직모로 펴주는 효과를 높이기 위한 제품이 등장했으며 보통의 퍼머넌트 웨이브제에 전분가루 등을 혼합해 점도를 높이고 패널(pannel)이라는 수지제의 판 위에 스트랜드(hair strand)를 대고, 약제를 발라서 빗등으로 바짝 당겨서 눌러 빗어 패널에 부착시켜 건조하여 직모의 효과를 얻도록 하는 방법이 있다.

(6) 치오글리콜산을 주성분으로 하는 가온 2욕법 스트레이트 퍼머

곱슬 정도가 강한 축모 등에 사용하는 제품으로 pH는 4.5에서 9.3 정도이며 제 1제 및 제 2제를 모발에 적용할 때의 온도는 60℃ 이하로 규정되어 있다. 가온 2욕법 스트레이트펌제를 모발에 바른 후 골고루 도포되도록 빗어주고 20~40분 정도 방치한 후 플레인 린스를 해서 헹구어 낸 뒤 타월과 드라이를 이용해서 모발을 95% 정도로 말린 후 가온시킨 곱슬머리를 스트레이트용 기구를 이용해서 섹션을 나누어가며 모발을 매끈하게 펴준다.

3. 퍼머넌트 웨이브제의 사용 방법에 따른 종류

(1) 1욕법

'One Step Wave'라고도 한다. 보통의 콜드 웨이브는 2욕식이 많으나 1욕식 콜드 웨이브는 퍼머넌트 웨이브 용액 1종류만을 사용하는 방법이다.

(2) 2욕법

'Two Step Wave'라고도 한다. 가장 일반적으로 많이 사용하고 있고, 1단계인 환원제와 2단계인 산화제 2종류로 이루어져 있다.

(3) 3욕법

'Three Step Wave'라고도 한다. 경모나 강한 모발에 사용하거나 심하게 손상된 모발에 탄력 있는 웨이브를 형성하기 위해 사용한다.

4. 환원력에 따른 분류

(1) 치오글리콜산 퍼머넌트 웨이브

치오글리콜산이 주성분이며 알칼리에서 강한 환원력을 가지고 있으며 환원력이 강하기 때문에 건강모, 경모 등의 웨이브 형성에 사용된다.

(2) 시스테인 퍼머넌트 웨이브

모발의 손상을 감소시키고 시술 후 모질의 개선을 위해 사용하며, 웨이브 형성력이 치오글리콜산보다 떨어져 로드 사용 등에 주의해야 한다.

5. pH에 따른 종류

(1) 치오글리콜산, 시스테인 알칼리성 퍼머넌트 웨이브제

치오글리콜산과 시스테인을 주성분으로 하는 퍼머넌트 웨이브제이며 pH 범위를 알칼리 범위에서 제조한다.

(2) 산성 퍼머넌트 웨이브

약산성 퍼머넌트 웨이브제로 치오글리콜산이 주성분이며 모노에탄올아민 등과 같은 알칼리제 대신 계면활성제를 첨가하여 제조한다.

6. 가온 여부에 따른 퍼머넌트 웨이브 종류

(1) 가온식 퍼머넌트 웨이브

치오글리콜산을 주성분으로 하는 가온 2욕식과 시스테인을 주성분으로 하는 가온 2욕식 퍼머넌트 웨이브가 있다.
제1액을 도포한 후 헤어 스티머 등을 사용해서 60℃ 이하의 열을 와인딩 부분에 가하는 방법이다.

(2) 냉(콜드) 퍼머넌트 웨이브

퍼머넌트 웨이브제 1제, 2제를 도포한 후 가온을 하지 않는 시술이다.

7. 퍼머넌트 웨이브제의 분류표

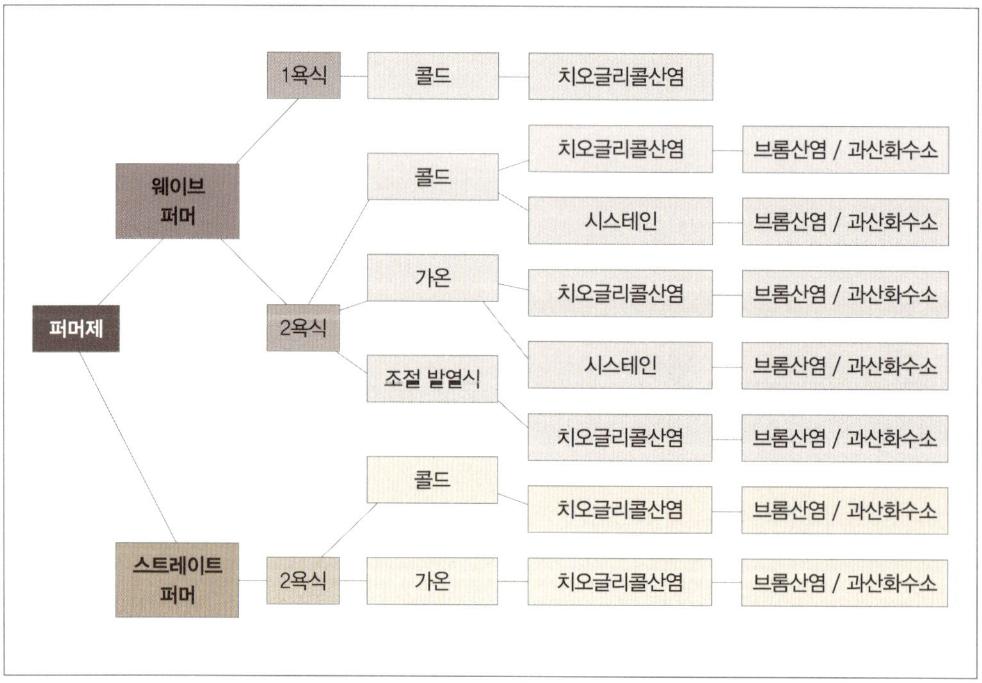

8. 퍼머넌트 웨이브 스타일에 따른 분류

① 섀도 펌
② 호일 펌
③ 텍스처 펌
④ 드레드락
⑤ 아프로 드레드 익스텐션(afro dread extension)
⑥ 스핀 드레드 익스텐션(spin dread extension)
⑦ 글루 드레드 익스텐션(glue dread extension)

9. 퍼머넌트 웨이브제의 구성요소

(1) 퍼머제의 선택

퍼머제 선택은 모발의 손상도에 따라 선택해야 한다.

(2) 로드의 종류

퍼머넌트 스타일에 맞는 로드를 선정하여 로드 아웃 후에 원하는 웨이브가 형성되도록 하여야 한다.

(3) 와인딩 기술

와인딩 기술에 의해 같은 스타일을 같은 로드로 와인딩해도 결과가 다르게 나올 수 있다.

(4) 베이스 잡는 법

베이스에 따라 퍼머넌트 웨이브의 종류나 형이 다르게 나오므로 와인딩 방법을 다르게 하여야 한다.

10. 헤어 디자인 구성요소

1) 형태

형태는 주로 시각과 촉각에 의해 인식되기 때문에 색과 함께 대상의 감각적 경험을 형성하는 중요한 요소이다. 형이란 어떤 물체의 윤곽이라고 말할 수 있으며, 형태는 형으로 이루어진 윤곽, 내부 형태, 구조를 3차원적으로 표현한 용어이다. 형태는 공간 속에 존재한다. 공간은 길이, 넓이, 높이와 같은 양감의 차원을 가진다. 헤어 디자인에서의 형태는 헤어 디자인의 윤곽선이나 실루엣에 의해 결정된 머리 모양을 말한다. 머리 모양은 어느 방향으로 확장되었는가에 따라 구형, 편구형, 장구형으로 분류되는데, 길이와 너비가 거의 같은 형태로 두상의 곡면을 따라 똑같은 볼륨을 만들어 내는 것을 구형이라 하고, 길이보다 너비가 더 넓은 타원형으로 옆머리에 볼륨감이 더 있는 것을 편구형이라 한다. 장구형은 너비보다 길이가 더 긴 타원형으로 디자인의 탑 부분이나 아랫부분에 부피감을 주는 것을 말한다. 헤어디자인의 형태는 모양과 크기와 방향으로 이루어진다. 이 구성 요소들은 완성된 스타일을 변화시킬 수 있다. 따라서 형태를 자세히 관찰하고자 한다면 앞, 뒤, 옆, 모든 각도에서 디자인을 보아야만 디자인의 다른 면을 볼 수 있다. 형태의 기본요소는 점, 선, 면, 입체로 구분된다.

(1) 점

점은 기하학적으로 면적이 없이 위치만을 표시하는 것이며 조형 요소로서 점은 도면상에 비교적 작은 면적을 점유하는 것을 말한다. 헤어 디자인에서의 점은 하나의 포인트로서 디자인상의 한 점에 결정된 시농 또는 로드 등 위치의 결정을 말한다.

(2) 선

선은 시각적 요소들 가운데 매우 중요한 것으로 기하학에서 '무수한 점들의 연속'이다. 또한 선은 '점이 이동하고 남긴 경로'이며 '하나의 이어진 동작을 눈으로 볼 수 있는 과정'이라고도 할 수 있다. 하나의 선은 길이나 넓이, 농도 또는 방향에 따라 다양해지는데, 이러한 다양성을 활용함에 따라 작품의 결과가 달라진다. 헤어 디자인에서는 실루엣과 선의 방향을 말하는데, 선의 운동 방향에 따라 느낌이 다르게 다가온다.

(3) 면

면은 공간을 구성하는 기본단위이며, 형을 만드는 형상요소들 가운데 기본 형상의 하나이다. 이동하는 선의 자취가 면을 이루는데 선의 꺾임과 구부러짐의 가능성에 기인하여 면의 윤곽을 결정한다. 따라서 면은 점의 밀집이나 선의 집합, 선으로 둘러싸여 성립되며, 공간에 있어서 입체화된 점이나 선에 의해서도 성립된다. 헤어 디자인에서는 모발의 측면이 집합하여 만든 면적, 표면 광택을 말하는데, S컬, C컬, J컬, 또는 패턴화된 질감으로 나타낼 수 있다.

(4) 입체

입체는 면의 이동으로 점, 선, 면보다도 명백하고 보다 많은 특징을 지닌다. 그것은 굵기와 긴밀함, 한정성, 3차원성, 무게 등이다. 원, 정사각형, 삼각형이라는 기본 평면을 입체로 전개될 때 입체의 기본형식이 된다. 헤어 디자인에서는 얼굴형에 맞는 입체적인 구성을 요하며 대체로 삼각형 구도로 디자인한다.

2) 질감

어떤 물체를 직접적으로 만져볼 수 없을지라도 그것을 손으로 만지면 '어떤 느낌이 들 것'이라는 것을 경험을 통해 알고 있는데 이것이 물체의 질감이다. 어떤 물체든 재료로서 구체화되기 때문에 재질에 대한 감각적 체험이 중요하다.

헤어 디자인에 있어서 질감이란 어떤 표면의 모습이나 매끈함 정도의 '느낌'으로 부드럽다, 거칠다, 곱슬거린다, 매끄럽다, 오돌토돌하다와 같은 말은 질감의 성질을 묘사하는 말이다, 따라서 컬의 기법과 모발의 양은 결과적으로 나타나는 질감에 영향을 준다. 예를 들어, 고리로 말거나 쭉 뻗은 직모는 매끈한 표면을 만들어 내고, 땋거나 꼬거나, 컬이 진 머리는 패턴화되거나 오돌토돌한 표면을 만든다.

3) 색상

색은 광원으로부터 나오는 광선이 물체에 비추어 반사, 분해, 투과, 굴절, 흡수될 때 안구의 망막과 여기에 따르는 시신경에 자극됨으로써 감각된 현상으로 나타난다. 똑같은 크기와 형태를 지닌 물체가 색상에 따라 전혀 다른 느낌을 갖게 하는 예는 색상이 인간의 심리와 절대적인 상관관계에 있음을 증명하는 것이다.

조형의 대상으로 되는 빛은, 물리적 현상으로서의 빛이 아니고 인간 쪽에서 어떻게 받아들이는가에 따른 심리적 빛이다. 예를 들어, 빛의 강도, 방향 등에 따라 대상을 다르게 인지한다. 헤어 디자인에 있어서도 색상은 밝고 어두움 정도에 따라 깊이, 면적 그리고 질감의 착시현상을 일으키는 디자인 요소이다. 더 어두운 머리 색상은 더 깊이가 있으며 주위를 집중시키는 반면, 더 밝은 색상은 형태 내의 각각의 모양에 시선을 이끈다. 또한 따뜻한 색상의 모발은 차가운 모발 색상과 함께 있으면 표면으로부터 전진하거나 앞으로 나오는 느낌을 주면서 어떤 특정한 부분에 흥미를 더해주고, 차가운 톤의 색상은 표면 내에 있는 공간 속으로 쑥 물러나 보이면서도 안정적으로 보인다.

11. 헤어 디자인 법칙과 상징기호

1) 헤어 디자인 법칙

디자인 법칙이란 디자인 요소들이 어떤 특정한 효과를 성취하기 위해 어떻게 결합되어야 하는가를 결정하는 연관법칙 또는 구성계획이라 할 수 있다. 다시 말해 디자인 법칙은 예술가들이 디자인 요소를 구성하는데 사용하는 구성 배열 패턴이다. 조화와 비례, 균형, 율동 등이 독립적으로 나타나는 것이 아니고 상호보완적인 관계를 갖고 형식적인 요소나 감각적 요소의 영향에 의해 총체적으로 나타난다. 헤어 디자인에 있어서도 다른 예술 형식과 마찬가지로 형태, 질감, 색상을 구성하는데 사용하는 구성 배열 패턴으로 디자인 법칙을 이용한다.

헤어 디자인을 창작하는 데 있어서 주로 사용되는 두 가지 법칙은 균형과 강조이다. 이러한 패턴을 알고 있으면 디자인을 분석할 때 예술가로서의 의사소통이 구축되고 자신만의 예술 작품을 창조하기 위한 예술적 토대를 만들 수 있다.

(1) 균형

두 개 이상의 요소 사이에서 부분과 부분, 또는 전체 사이에서 시각상의 힘이 안정되어 보이면 사람에게 안정감을 준다. 균형이란 디자인의 시각적, 혹은 실제 무게감을 말하는데, 시각적인 균형은 모양, 명도, 질감, 색채의 균형으로 구분하고, 모양의 균형은 대칭과 비대칭의 두 가지 형태로 구별된다.

대칭은 가장 정형적인 구성형식이며, 가장 일반적으로 균형이 잡힌 형태로서 구성의 중앙을 지나는 선을 축으로 양쪽 면을 접으면 완전히 일치되는 것을 말한다. 양쪽의 실제 무게감도 똑같이 분배되고 크기와 모양도 똑

같이 위치하기 때문이다. 일반적으로 대칭의 균형을 이룬 구성은 안정되고 위엄이 있으며, 고요하게 보이는 경향이 있다.

비대칭은 한 형태의 양쪽이 서로 다른 모양이지만 시각적 무게를 갖고 있어서 보는 사람에게 변화 있는 형태로서 안정감을 주며, 개성적인 감정을 느끼게 한다. 비대칭, 또는 부정형의 균형이 가지고 있는 다양성은 정형적인 균형보다 훨씬 매력적이고 은밀한 신비로움을 준다.

(2) 강조

강조는 어떤 부분을 특히 두드러지게 표현하는 것을 말하는데, 헤어 디자인에 있어서의 강조는 디자인의 초점이나 주된 흥미와 관련된다. 형태를 통해 어느 한 점에 개성적인 포인트를 주어 시선을 한 곳으로 집중시킨다거나, 밝은 색상이나 혹은 어두운 색상을 사용해 작품의 강조점을 만들어 내는 것 등 형태, 질감, 색상을 통하여 어떤 특정한 효과를 성취하는 것은 헤어 디자이너의 예술적인 감각이다.

(3) 비조화

조화란 두 개 이상의 요소 또는 부분의 상호관계에서 서로 분리되거나 배척하지 않고 통일된 전체로서 높은 감각적 효과를 발휘할 때 일어나는 현상이다. 디자인에서 두 가지 이상의 요소가 동일하거나 유사할 때 완전한 조화라고 할 수 있는데 이는 오히려 단조롭다. 비조화란 이와 반대로 디자인 요소 간의 격차가 극대화된 것으로 구성단위들 사이 최대한도의 간격을 말한다. 차이성이 현저할수록 미적으로 매력적이고도 개성이 뚜렷해 보인다.

(4) 반복

반복은 동일한 요소나 대상 등을 반복적으로 배열시켜 시선 이동을 유도하여 동적인 느낌을 줌으로써 율동감을 느끼게 하는 것이다. 이러한 반복은 대상의 의미를 강조하는 수단으로 사용되기도 하는데 모든 구성단위들이 위치만 다르고 동일하기 때문에 단조로운 느낌을 주기도 한다.

(5) 교대

교대는 두 개 혹은 그 이상의 대상 요소들이 서로 번갈아 가면서 연속적으로 반복되는 것을 말한다. 롤과 스트레이트, 또는 크고 작은 모양의 교대가 있다.

(6) 진행

진행은 반복의 경우보다 동적인 표정을 갖고 있으며, 디자인 요소가 비율적인 단계로 연속해서 펼쳐지는 형태이다. 모든 구성단위가 비슷하지만 점차 상승 음계나 하강 음계의 형식으로 비율적으로 변화하는 것을 말한다. 초승달이 보름달까지 점차 만월로 변화하는 과정이라든지 음악 악보의 음계의 변화로 점점 소리가 올라가는 것 등은 변화와 운동을 내포하고 있으며, 시각적인 힘의 경쾌한 율동감을 가져온다.

(7) 대조

대조는 서로 상반되는 요소들의 바람직한 관계로서 헤어 디자인에서는 색상의 대조, 질감의 대조 등으로 흥미를 돋아주고 주의를 끈다.

Chapter

8

퍼머넌트 웨이브의 효율

Efficiency of the Permanent Wave

1. 두상의 구역

1) 섹션별 명칭

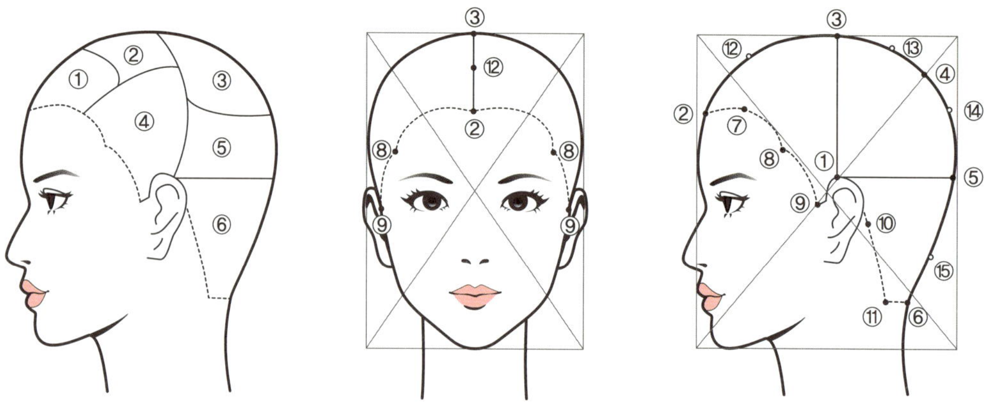

2) 두부 포인트

번호	기호	명칭
1	E.P	이어 포인트
2	C.P	센터 포인트
3	T.P	톱 포인트
4	G.P	골든 포인트
5	B.P	백 포인트
6	N.P	네이프 포인트
7	F.S.P	프런트 사이드 프런트
8	S.P	사이드 프런트

번호	기호	명칭
9	S.C.P	사이드 코너 포인트
10	E.B.P	이어 백 포인트
11	N.S.P	네이프 사이드 포인트
12	C.T.M.P	센터 탑 미디엄 포인트
13	T.G.M.P	탑 골든 미디엄 포인트
14	G.B.M.P	골든 백 미디엄 포인트
15	B.N.M.P	백 네이프 미디엄 포인트

2. 웨이브의 구성

(1) 컬(curl) 구성의 3요소

① **베이스(뿌리, base)** : 컬 스트랜드의 근원을 말한다.

② **스템 (줄기, stem)** : 일정한 방향을 만든다.

③ **루프(서클, loop)** : 원형으로 말린 컬을 말한다. 컬의 구성요소로는 세이핑, 스템의 방향, 텐션, 루프의 크기, 베이스, 두발 끝 취급 방법 등이 있다.

(2) 웨이브의 명칭

① **기시점** : 웨이브가 시작되는 지점

② **크레스트(crest)** : 정상 부분

③ **릿지(ridge)** : 크레스트와 드루가 만나는 곳

④ **골(through)** : 가장 낮은 부분

⑤ **종지점** : 웨이브의 끝부분

※ 위치 변화에 따라 크레스트와 드루는 달라지기도 한다.

(3) 베이스의 종류

① **스퀘어 베이스** : 정방형(평균 컬 만들 때 적당)

② **오브롱 베이스** : 장방형(측두에 사용)

③ **아크 베이스** : 호형(네이프, 톱, 백 사이드 적당)

④ **트라이앵글베이스** : 삼각형(이마, 헤어 라인에 적당)

(4) 컬 움직임의 기본요소

① **풀스템** : 컬의 움직임이 가장 크다.

② **논스템** : 컬의 움직임이 가장 적고 오래 지속된다.

(5) 컬의 종류

① **스탠드 업 컬 :** 루프가 90° 각도, 컬의 루프가 두피에서 서 있는 것처럼 되어 있는 것으로 주로 볼륨감을 나타내기 위해 만들어진다. 머리숱이 없거나, 풍성한 형태의 스타일링을 연출하고자 할 때 사용한다. 브러시의 각도가 90° 이상 유지되어야 하며, 각도가 커질수록 컬의 볼륨도 같이 커진다.

② **플랫 컬 :** 루프가 0°/1. 루프가 두피에 평평하게 붙도록 되어 있는 컬로 볼륨감이 없다. 머리숱이 많거나, 뜨는 형태의 머리가 싫은 사람에게 시술한다. 각도는 거의 없다.

③ **포워드 컬 :** 컬의 방향이 얼굴 쪽으로 향하고 있는 컬. 페이스 라인을 갸름하게 보이게 하거나, 페이스 라인을 돋보이게 하고자 할 때 사용한다.

④ **리버스 컬 :** 컬의 방향이 얼굴 반대 방향으로 향한 컬. 바람 머리 스타일에 많이 사용하는 것으로 최근 남녀 모두에게 유행하는 스타일이다.

⑤ **헤어 웨이빙 :** S자 물결상을 이루는 부분이다.

⑥ **웨이브의 분류**

㉠ 마셀 웨이브 : 아이론을 사용한 일시적 웨이브

㉡ 핑거 웨이브 : 세팅로션과 물을 적셔 손가락과 빗으로 만드는 웨이브

㉢ 컬 웨이브 : 2줄의 컬을 조합시켜 형성된 웨이브

⑦ **위치에 따른 분류**

㉠ 버티컬 웨이브 : 릿지가 수직

㉡ 호리존탈 웨이브 : 릿지가 수평

㉢ 다이애거널 웨이브 : 릿지가 사선

웨이브의 3요소

- 크레스트(crest) : 정상
- 릿지(ridge) : 융기점
- 트루(through) :골

⑧ 뱅

㉠ 롤 뱅, 웨이브 뱅(두발 끝 라운드 처리) : 롤로 형성된 뱅

㉡ 프렌치 뱅(부풀린 뱅) : 두발을 플러프 처리한 프랑스식 뱅

㉢ 플러스 뱅 : 불규칙한 모양의 컬을 부풀려 볼륨을 준 뱅

3. 웨이브의 효율 측정

1) 킬비법

$$\frac{\text{로드의 직경}}{\text{형성된 웨이브의 직경}} \times 100 = \text{웨이브 효율(\%)}$$

웨이브 효율 측정

평면적인 웨이브력을 측정하여 퍼머제의 환원력을 판단한다.

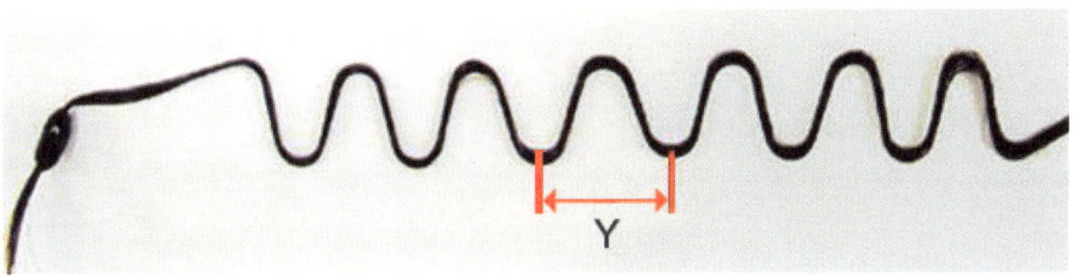

2) SP 효율

웨이브 효율은 사용 로드의 직경과 마무리 웨이브의 직경비이다.

$$\frac{X}{Y} \times 100(\%) = \text{SP 효율}$$

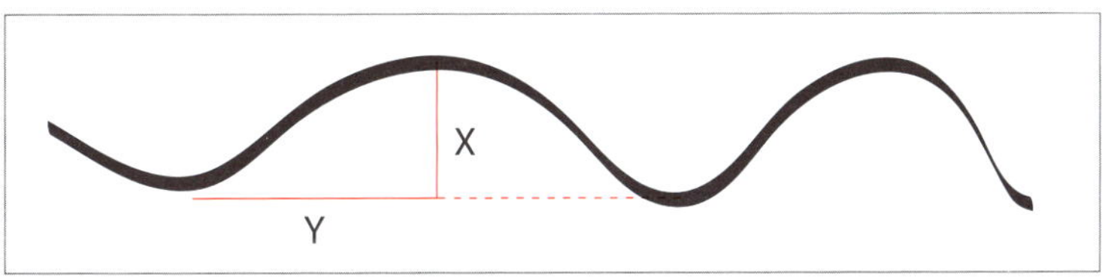

■ SP 효율

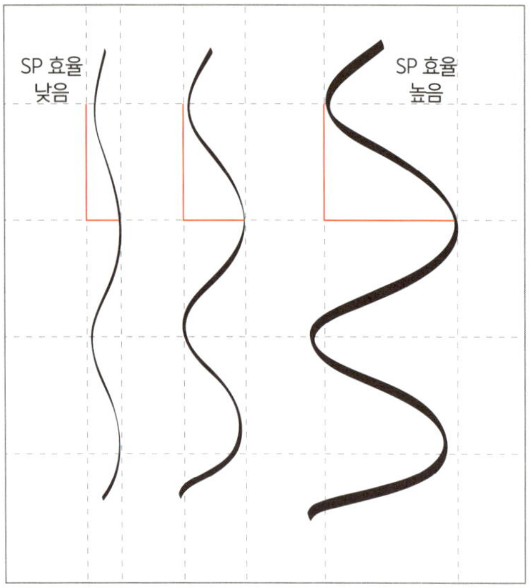

■ 일반적 컬의 형성력

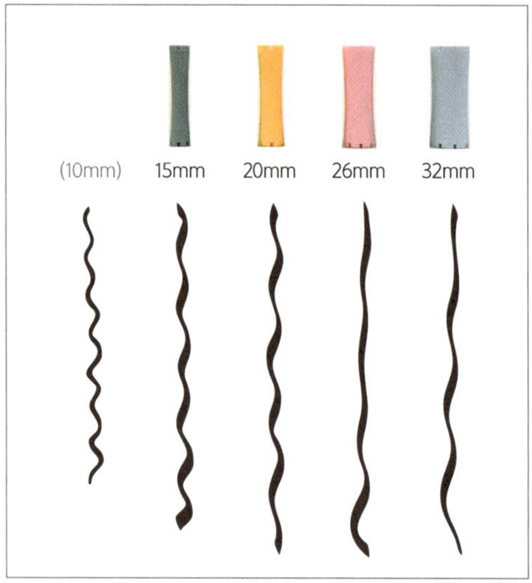

3) 로드와 컬의 비율

기본적으로는 1회전 반으로 풀컬(full-curl)이 형성된다.

※ 단 실제 사용 약제, 사용 로드, 모발 상태 등에 따라 달라질 수 있다.

4) 퍼머넌트 웨이브제의 시간에 따른 차이

* 15mm 롯드 사용

번호	5분	10분	15분	20분
치오글리콜산				
시스틴				

4. 와인딩 기술에 따른 웨이브 차이

기본 와인딩	중간 와인딩	뿌리 와인딩

모선부터 와인딩	중간부터 와인딩	뿌리부터 와인딩
회전수가 많을수록 모선에 강한 컬, 웨이브가 나올 수 있다.	중간부에 강한 컬이 나온다.	뿌리 부분에 강한 컬이 나온다.

크로키놀(모선)	스파이럴	모선 스파이럴

뿌리를 뺀다.	나선 상태로 와인딩	모선을 나선 상태로 와인딩하고 뿌리 부분을 뺀다.
뿌리 이외의 부분에 컬, 웨이브가 생긴다.	뿌리부터 모선까지 균일한 컬과 웨이브가 표현, 입체감이 나온다.	입체감은 표현할 수 있으나, 뿌리의 볼륨이 어렵다.

(1) 중간 와인딩

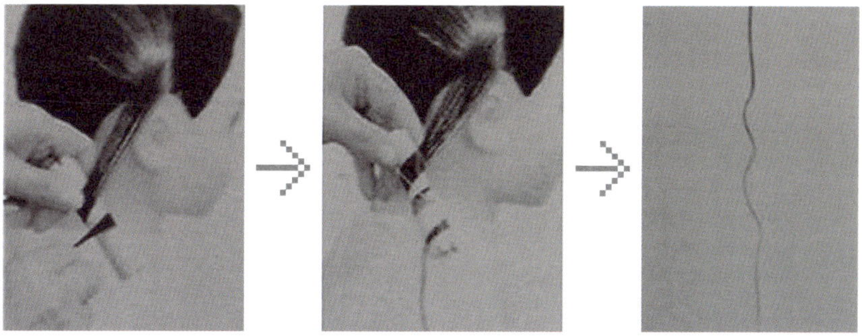

(2) 뿌리 와인딩

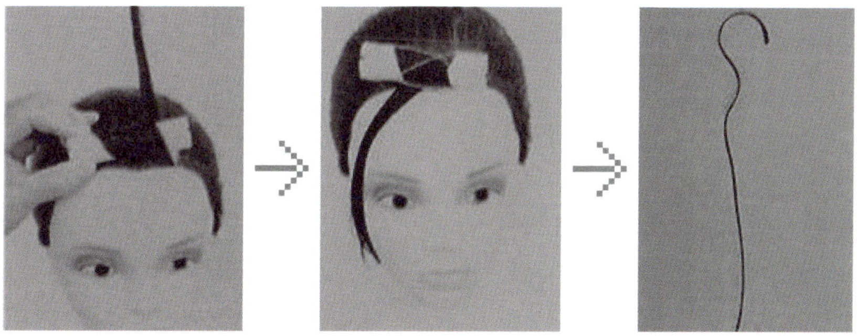

(3) 크로키놀

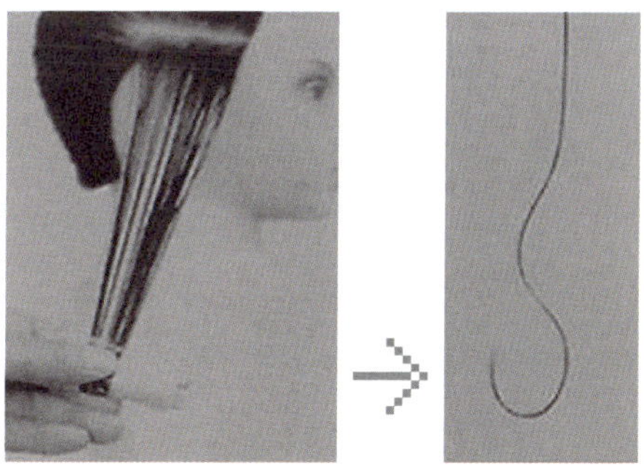

모선을 모아서 와인딩

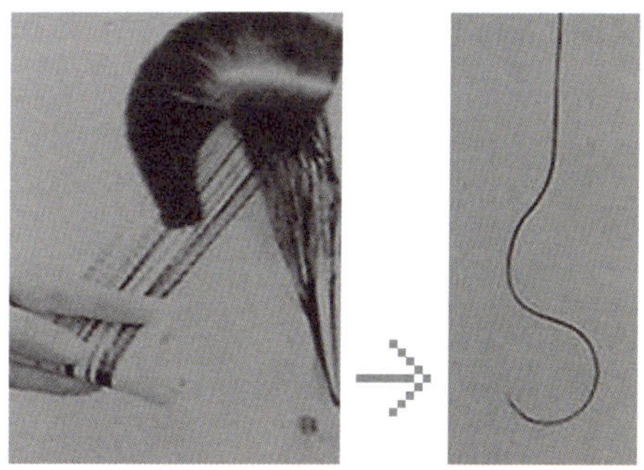

모선을 모으지 않고 와인딩

(4) 베이스 잡는 법

장방형	정방형	대형	삼각형
		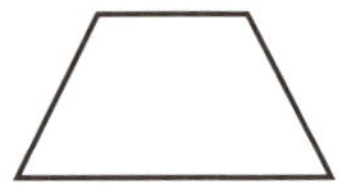	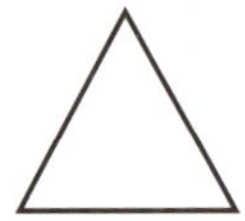
균일한 웨이브를 형성하는 데 좋다. 기본적인 베이스 잡는 방법으로 많이 이용되고 있다.	좁은 장소 작은 부분에 마는 경우, 뿌리 부분에 방향성을 원하는 경우에 좋다. 핀 파마, 세 가닥 따기 파마, 트위스트 등에 좋다.	디자인 등에 의한 불균형으로 웨이브를 형성하는 경우, 모류를 만든다거나 BIG 롯드를 마는 경우에는 말기 쉽고 다양화되어 있다.	디자인 등에 맞춰 따라 모아서 말아줌에 따라 모선에 강한 방향성을 만들어 줄 수 있다. 세트 기술 등에도 자주 이용되어 진다.

5. 스트랜드, 스템의 각도와 볼륨

(1) 스템 각도와 볼륨의 차이

업 스템 볼륨 UP하는 경우는 90˚ 이상으로 말아준다. ※ 주로 톱·크라운 등 볼륨이 필요한 부분에 이용한다.	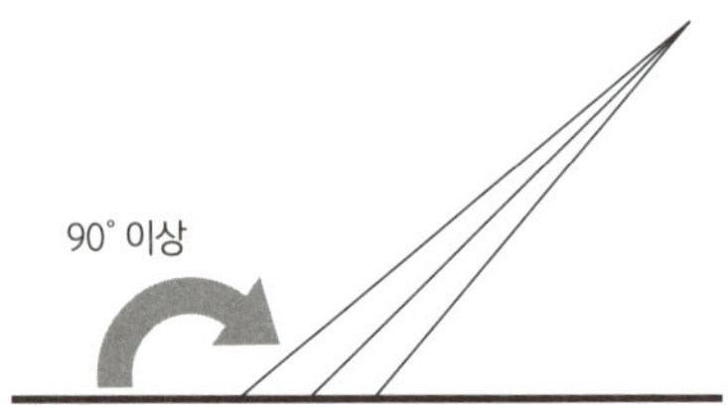	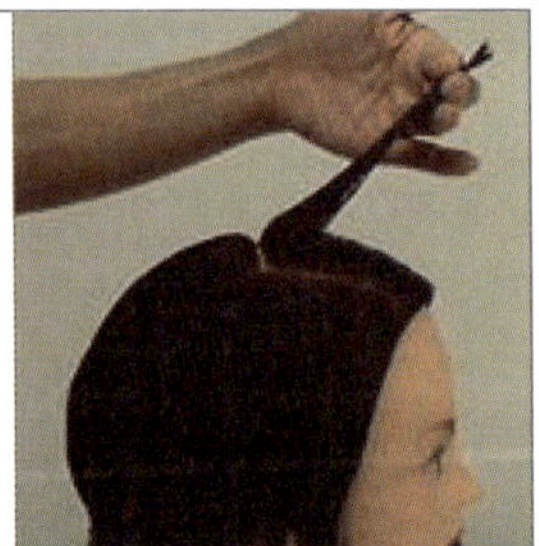
다운 스템 볼륨 DOWN하는 경우는 90˚ 이하로 만다. ※ 주로 네이트 등 타이트하게 정리하고 싶은 부분에 이용한다.	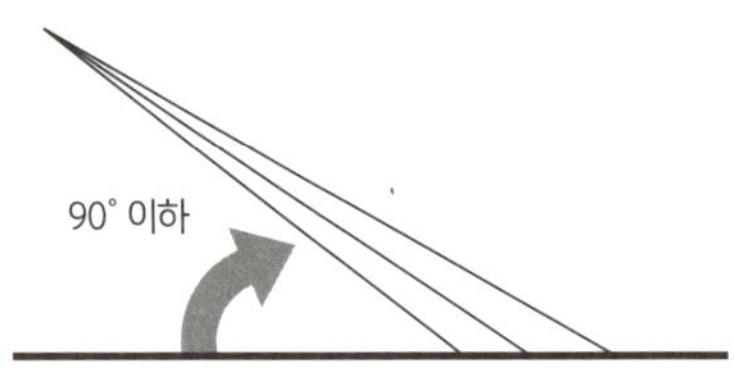	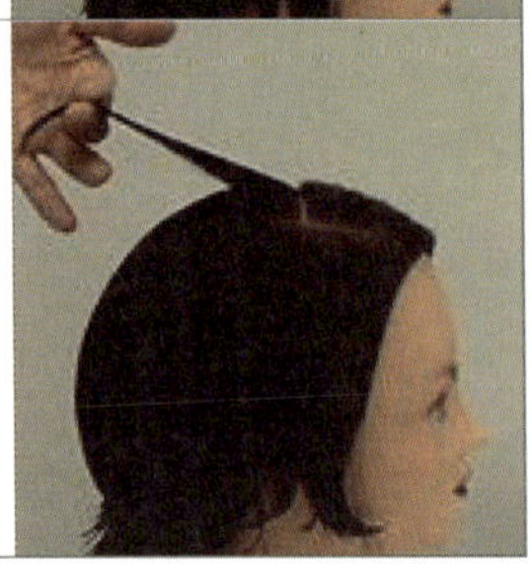

업 스템 볼륨 UP하는 경우는 90˚ 이상 와인딩	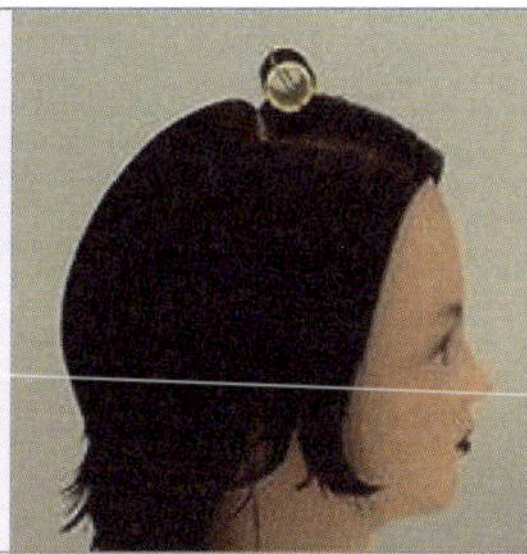	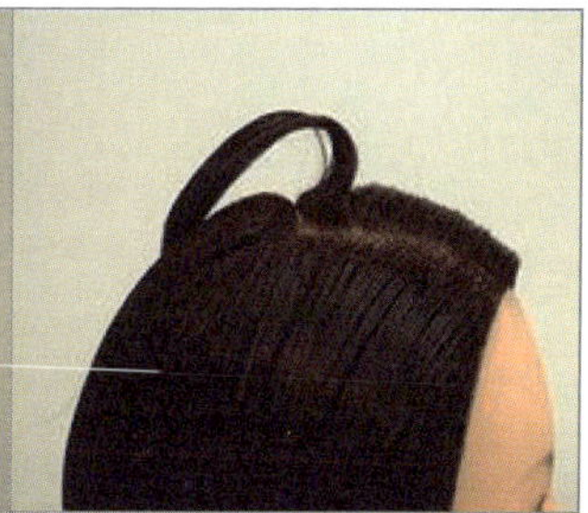
다운 스템 볼륨 DOWN하는 경우는 90˚ 이하로 이하로 와인딩	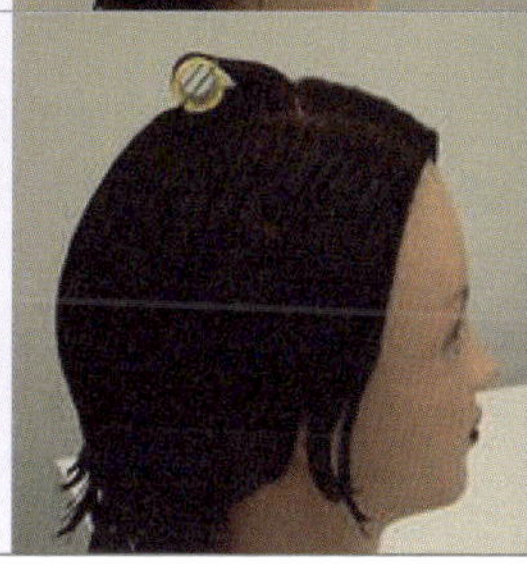	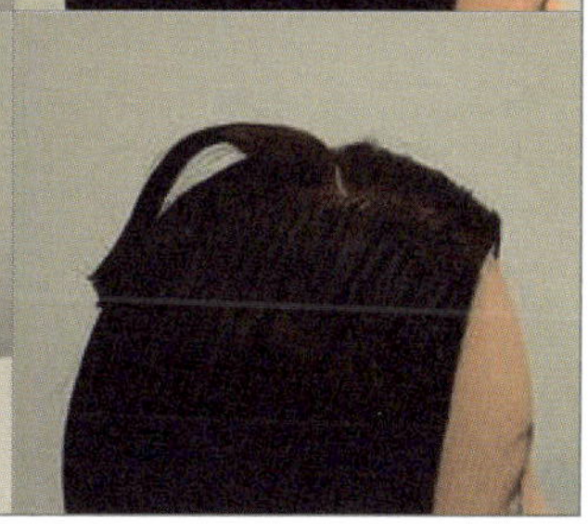

(2) 스템의 방향성

① **포워드(forward)와인딩** : 전방(앞)으로 와인딩

② **리버스(reverse)와인딩** : 후방(뒤)으로 와인딩

③ **라운드(round)와인딩** : 둥근 곡선의 형태로 와인딩 (예) 원형 확장)

④ **인덴테이션(indentation)** : 거꾸로, 반대 방향으로 와인딩, 겉마름 효과

Chapter 9

퍼머넌트 웨이브의 시술 과정

Permanent
Wave
Procedure

1. 퍼머넌트 웨이브 시술을 위한 준비

1) 10등분 블로킹

윗면

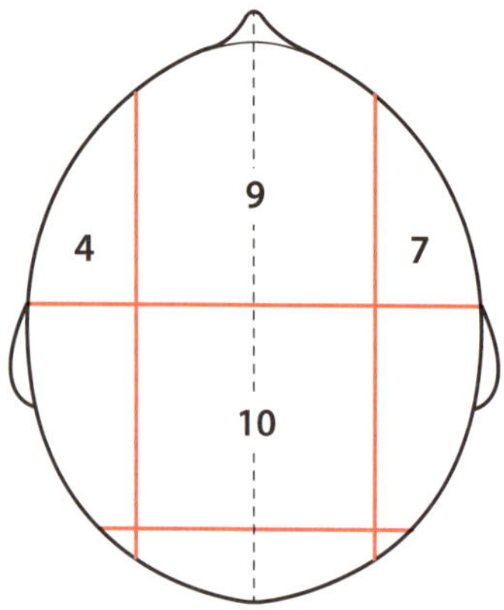

뒷면

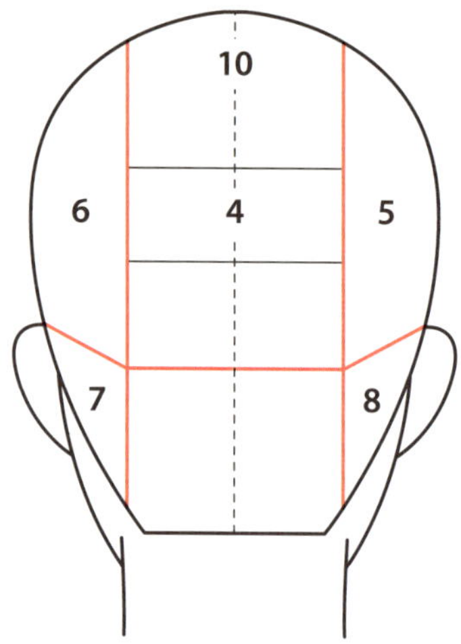

왼쪽면

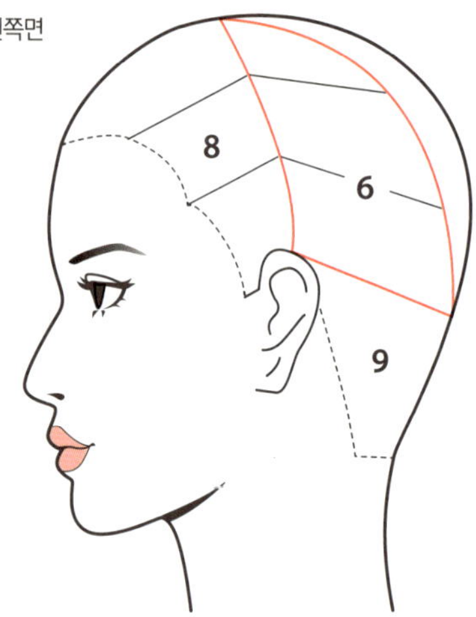

오른쪽면

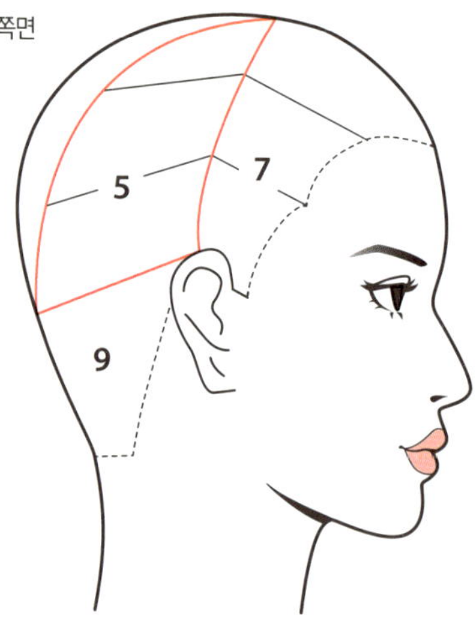

2) 10등분 블로킹 시술 방법

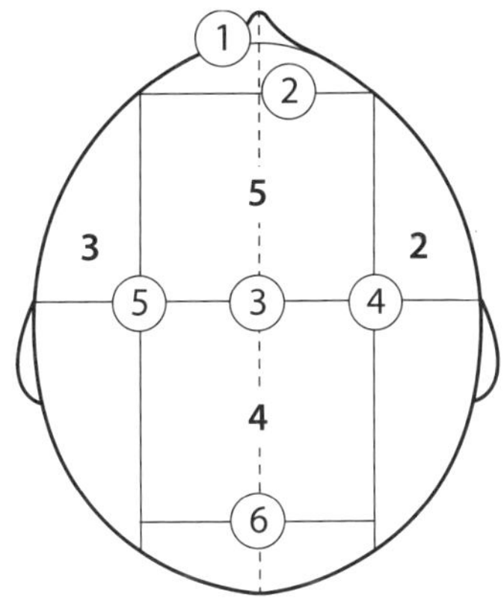

1. 전체적(①, ②)으로 백 부분을 향하여 빗질한다.
2. 센터 포인트(①)에 꼬리빗의 정가운데를 ②에 맞춘 후 좌우 약 0.5cm를 제외한 좌우 포인트에서에서 뒤로 섹션을 나눈다.
3. 꼬리빗을 센터 포인트에서 정중앙선을 향해 꼬리빗의 빗살이 끝나는 지점 ③을 길이로 잰 다음 섹션을 나누어 1번째 블록을 완성하여 고무줄로 묶는다.
4. ④지점에서 이어 백 포인트로 곡선의 형태로 2번째 블록을 완성한다.
5. 같은 방법대로 반대편 사이드를 완성한다.
6. ④번과 ⑤지점에서 섹션을 나누고 꼬리빗의 빗살의 간격(⑥) 만큼 4번째 블록을 만들어 고무줄로 묶는다.
7. ①번과 ②번 지점에서 빗으로 계속해서 내리빗어 꼬리빗의 빗살의 간격만큼 ③ 사각형의 다섯 번째 블록을 만들어 고무줄로 묶는다.
8. ④ 지점에서 이어 백 포인트로 직선의 형태로 연결시켜 삼각형의 여섯 번째 블록을 완성한다.
9. 반대편도 같은 방법대로 ⑤ 지점에서 이어 백 포인트로 직선의 형태로 연결시켜 삼각형의 일곱 번째 블록을 완성한다.
10. ④번과 ⑥번 지점을 연결시키고 ⑥번과 이어 포인트를 직선으로 연결시켜 삼각형의 여덟 번째 블록을 완성한다.
11. 반대편도 같은 방법대로 ⑤번과 ⑦번 지점을 연결시키고 ⑦번과 이어 포인트를 직선으로 연결시켜 삼각형의 아홉 번째 블록을 완성한다.
12. 마지막 열 번째 블록을 고무줄로 묶지 않고 남겨둔다.

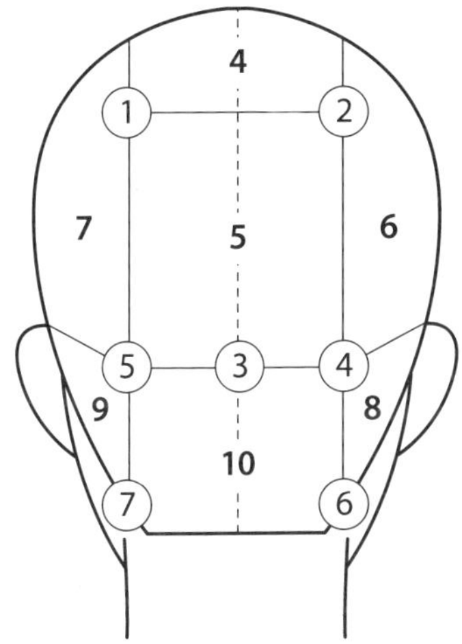

3) 패널과 빗질의 방법

① 오른손의 엄지와 검지로 꼬리빗을 잡고 모근 가까이서 빗질을 시작하여 왼손의 검지와 중지 사이에 패널을 넣어서 빗등에 따라가는 것을 기본으로 한다.

② 이 형태를 1~3회에 걸쳐 반복작업하여 패널을 와인딩하기 쉽게 왼손의 검지와 중지 사이에 쥔다.

③ 패널의 형태가 꺾이거나 틀어지거나 하지 않게 각도에 유의하여 안정된 형태로 유지한다.

2. 퍼머넌트 웨이브의 실제

◌ 10등분 블로킹의 시술 방법

① 전체적으로 백 부분을 향하여 빗질한다.

② 센터 포인트에 꼬리빗의 정가운데를 센터 포인트에 맞추거나 퍼머 로드 6호를 센터 포인트에 맞춘 후 좌우 약 0.5cm를 제외한 좌우 포인트에서 뒤로 섹션을 나눈다.

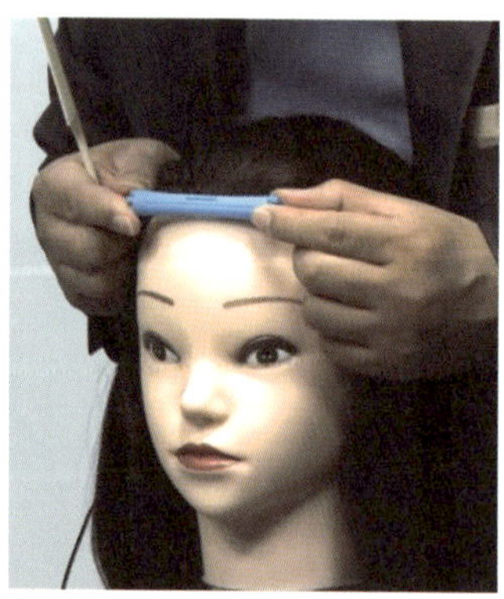

③ 꼬리빗을 센터 포인트에서 정중앙선을 향해 꼬리빗의 빗살이 끝나는 지점을 길이로 잰 다음 섹션을 나누어 1번째 블록을 완성하여 고무줄로 묶는다.

④ 첫 번째 블록이 끝난 지점에서 이어 백 포인트까지 곡선의 형태로 연결시켜서 두 번째 블록을 완성한다.

⑤ 같은 방법대로 반대편 사이드를 완성한다.

⑥ 첫 번째 블록이 끝난 지점에서 꼬리빗의 빗살의 간격만큼 나누어 4번째 블록을 만들어 고무줄로 묶는다.

⑦ 꼬리빗으로 계속해서 내리빗어 꼬리빗의 빗살의 간격만큼 사각형의 다섯 번째 블록을 만들어 고무줄로 묶는다.

⑧ 이어 백 포인트에서 5번째 블록을 연결시켜 직선의 형태로 삼각형의 6번째 블록을 완성한다.

⑨ 반대편도 같은 방법대로 삼각형의 7번째 블록을 완성한다.

⑩ 6번째 블록과 7번째 블록이 끝난 지점에서 양쪽에 삼각형의 8번째 블록과 9번째 블록을 완성한다.

⑪ 마지막 10번째 블록을 고무줄로 묶지 않고 남겨둔다.

◌ 패널과 빗질 방법

① 패널의 두께는 와인딩하고자 하는 로드의 두께로 나누고, 패널의 넓이는 로드의 넓이에서 좌우 약 0.5cm를 제외한 넓이로 잡는다.

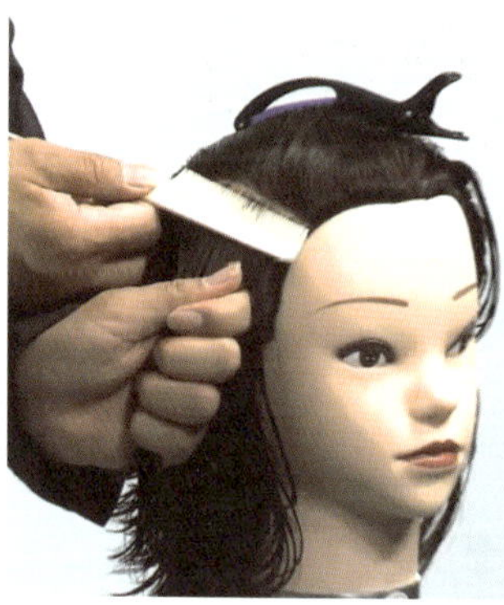

② 오른손에 꼬리빗을 엄지와 검지로 잡고 꼬리빗으로 모근 가까이서 빗질을 시작하여 왼손의 검지와 중지 사이에 패널을 넣어서 빗등에 따라가는 것을 기본으로 한다. 이 테크닉을 1~3회에 걸쳐 반복 작업하여 패널을 와인딩하기 쉽게 왼손의 검지와 중지 사이에 쥔다.

③ 패널의 형태가 꺾이거나 틀어지거나 하지 않고 각도에 유의하여 안정된 형태를 유지한다.

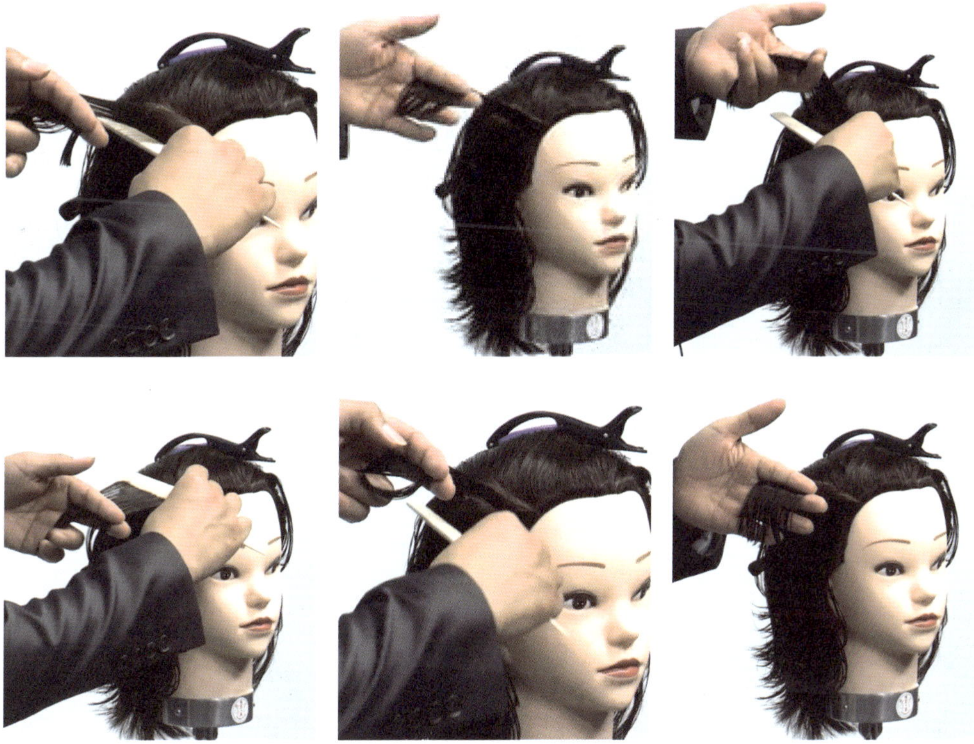

◌ 패널과 빗질 후 마네킹에 와인딩을 연습하는 방법

① 빗질 후 사각형의 패널을 왼손으로 잡는다. 오른손과 번갈아 바꿔 잡으면서 패널의 모양을 삼각형으로 모아준다.

② 오른손으로 퍼머 종이를 집어서 패널을 잡고 있는 왼손 검지 위로 올려준다.

③ 오른손의 검지와 중지로 번갈아 쥐면서 엔드 페이퍼의 방법대로 페이퍼를 잡는다. [1장 참조]

④ 오른손의 엄지와 검지로 로드의 끝을 잡고 페이퍼의 아랫부분, 모발의 끝 지점에 위치한다.

⑤ 오른손의 중지로 페이퍼를 살짝 친 다음, 아래에서 왼손 중지로 페이퍼를 잡는다.

⑥ 왼손으로 잡은 상태에서 오른손의 엄지, 검지, 중지를 사용하여 와인딩한다.

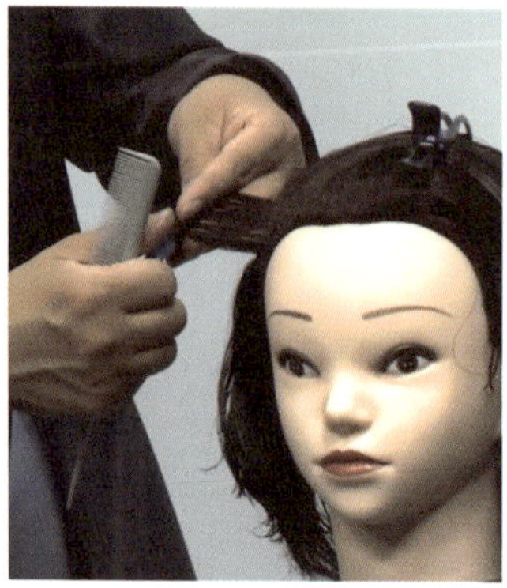

⑦ 페이퍼가 보이지 않을 때까지 와인딩한 후 왼손을 떼고 두 손으로 로드를 잡고 모근까지 와인딩 한다.

⑧ 오른손으로 고무밴드를 가져와 11자 밴딩으로 밴딩한다.[1장 밴딩 방법 참조]

Chapter 10

10등분 블로킹과 와인딩

10th-Class Blocking and Winding

1. 10등분 블로킹

1) 블로킹의 방법

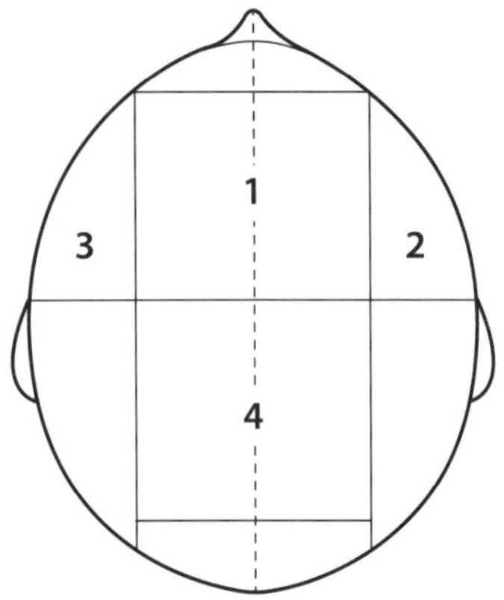

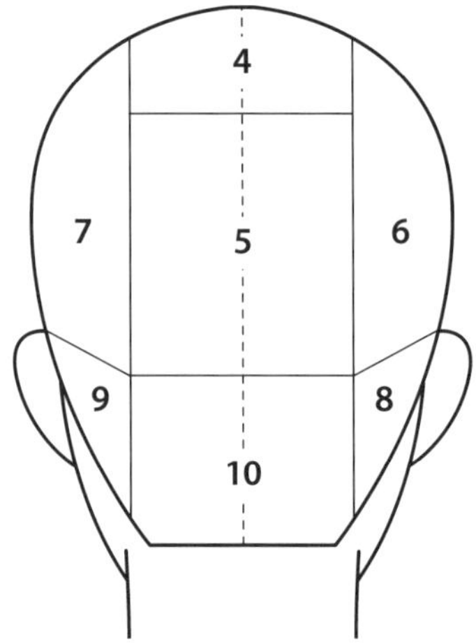

2) 10등분 블로킹의 와인딩 로드 크기와 개수

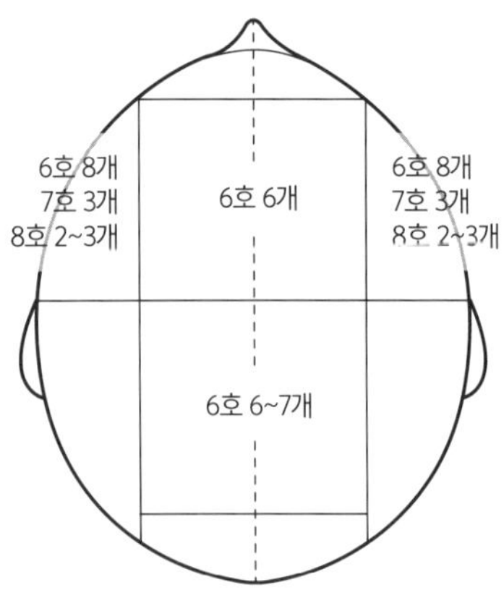

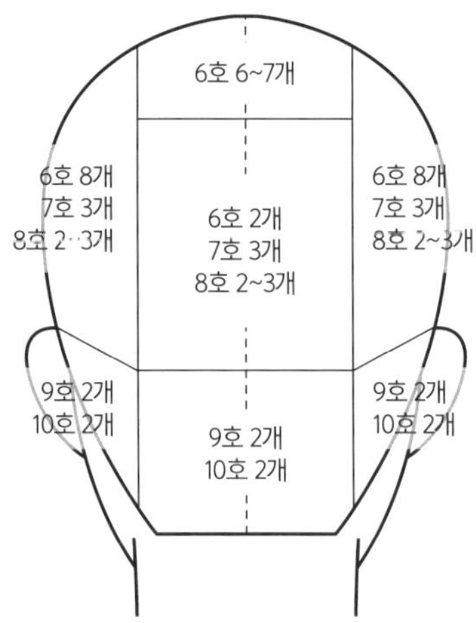

2. 10등분 와인딩을 위한 레이어 커트의 빠른 시술 방법

◌ 10등분 블로킹 후 '10분 레이어 커트'(90˚ 커트) 시술 방법

① 10등분 블로킹을 마친 상태[9장 참조]에서 다소 길이가 긴 모발 길이를 줄여주고 연습을 용이하게 하기 위해 레이어 커트로 커트한다.

② 첫 번째 블록의 고무줄을 풀고 블록의 전체 모발을 잡은 후 90˚ 각도로 들어서 커트 빗의 70% 정도(13cm 정도)의 길이로 커트한다.

③ 두 번째 블록의 고무줄을 풀고, 90˚ 각도를 유지하고 한 번에 커트를 하기에 어렵기 때문에 블록을 나누어서 커트한다.

④ 같은 방법대로 반대편의 사이드 블록도 커트한다.

⑤ 첫 번째 블록의 가이드라인을 가져와서 같은 길이로 네 번째 블록을 버티컬 커트하고, 다시 호리존탈로 확인 커트한다.

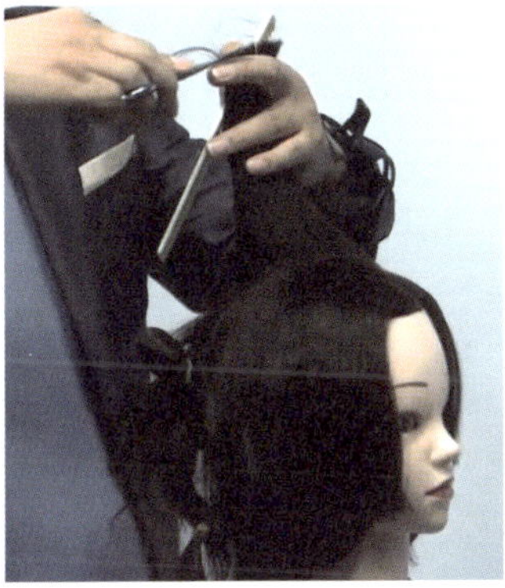

⑥ 다섯 번째 블록의 고무줄을 풀고, 90° 각도를 유지하고 호리존탈, 버티컬로 커트한다.

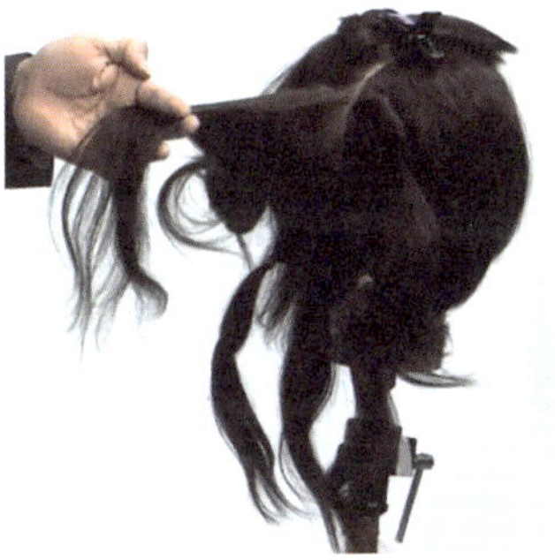

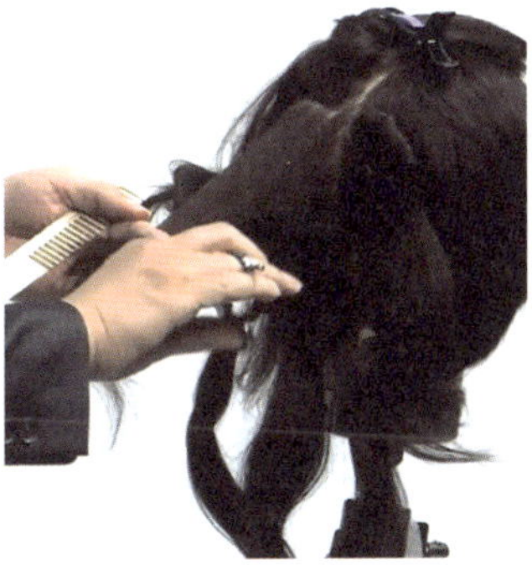

⑦ 열 번째 블록을 다섯 번째 블록과 연결시켜 90° 각도를 유지하고 호리존탈, 버티컬로 커트한다.

⑧ 일곱 번째 블록의 고무줄을 풀고 90° 각도를 유지하고 한 번에 커트를 하기에 어렵기 때문에 블록을 나누어서 호리존탈, 버티컬로 커트한다.

⑨ 아홉 번째 블록의 고무줄을 풀고 90° 각도를 유지하고 일곱 번째 블록의 길이에 맞춰 커트한다.

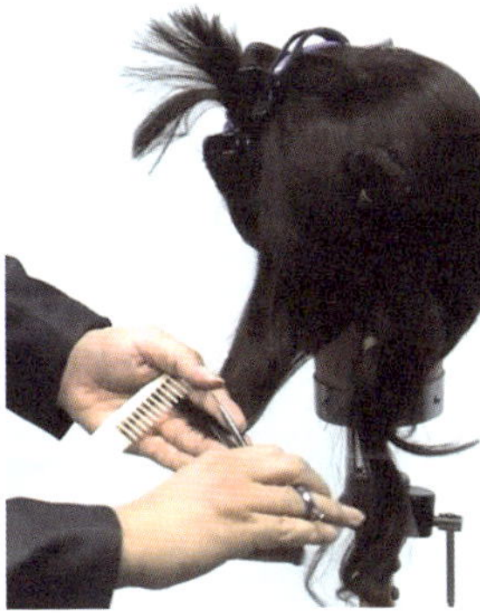

⑩ 같은 방법대로 반대편의 여섯 번째와 여덟 번째, 마지막 열 번째 블록도 커트한다.

◌ 10등분 블로킹의 실제 I

① 전체적으로 백 부분을 향하여 빗질한다.

② 센터 포인트에 꼬리빗의 정가운데를 맞추거나 퍼머 로드 6호를 센터 포인트에 맞춘 후 좌우 약 0.5cm를 제외한 좌우 포인트에서 뒤로 섹션을 나눈다.

③ 꼬리빗을 센터 포인트에서 정중앙선을 향해 꼬리빗의 빗살이 끝나는 지점을 길이로 잰 다음 섹션을 나누어 첫 번째 블록을 완성하여 고무줄로 묶는다.

④ 첫 번째 블록이 끝난 지점에서 이어 백 포인트까지 곡선의 형태로 연결시켜서 두 번째 블록을 완성한다.

⑤ 같은 방법대로 반대편 사이드를 완성한다.

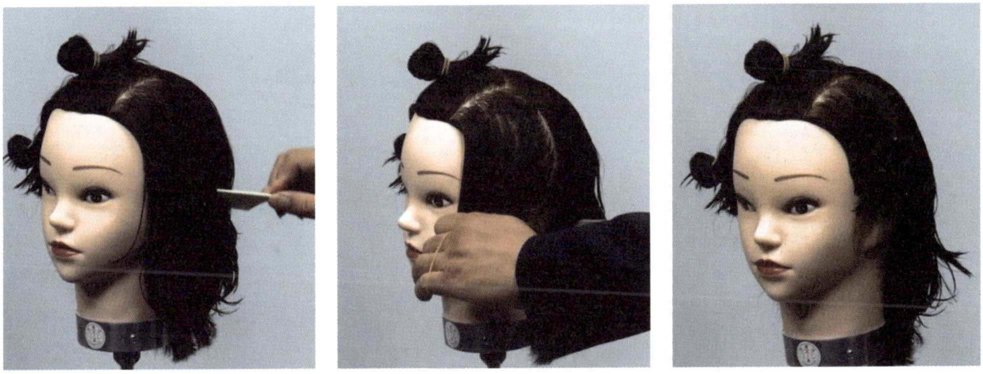

⑥ 첫 번째 블록이 끝난 지점에서 꼬리빗의 빗살의 간격만큼 나누어 네 번째 블록을 만들어 고무줄로 묶는다.

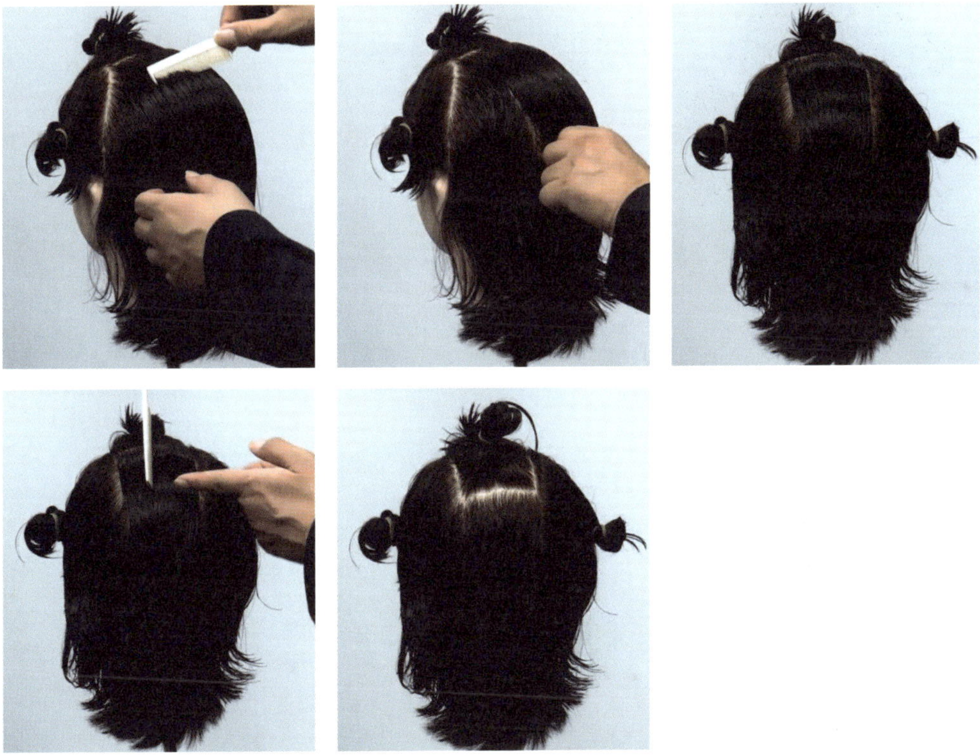

⑦ 꼬리빗으로 계속해서 내리빗어 꼬리빗의 빗살의 간격만큼 사각형의 다섯 번째 블록을 만들어 고무줄로 묶는다.

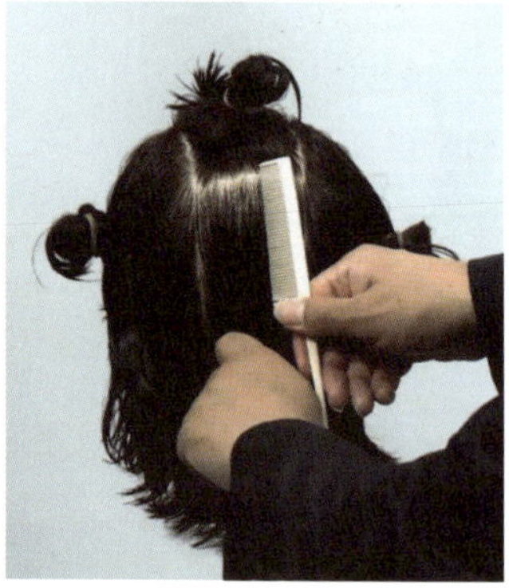

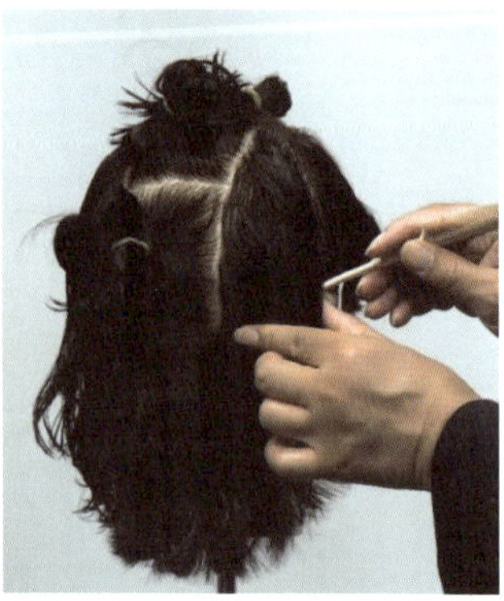

⑧ 이어 백 포인트에서 다섯 번째 블록을 연결시켜 직선의 형태로 삼각형의 여섯 번째 블록을 완성한다.

⑨ 반대편도 같은 방법대로 삼각형의 일곱 번째 블록을 완성한다.

⑩ 여섯 번째 블록과 일곱 번째 블록이 끝난 지점에서 양쪽에 삼각형의 여덟 번째 블록과 아홉 번째 블록을 완성한다.

⑪ 완성

마지막 열 번째 블록을 고무줄로 묶지 않고 남겨둔다.

Chapter 11

기본 퍼머넌트 웨이브의 와인딩 Ⅰ

Basic Permanent Wave Winding I

1. 10등분 블로킹과 9등분 블로킹의 와인딩

1) 10등분 블로킹 와인딩

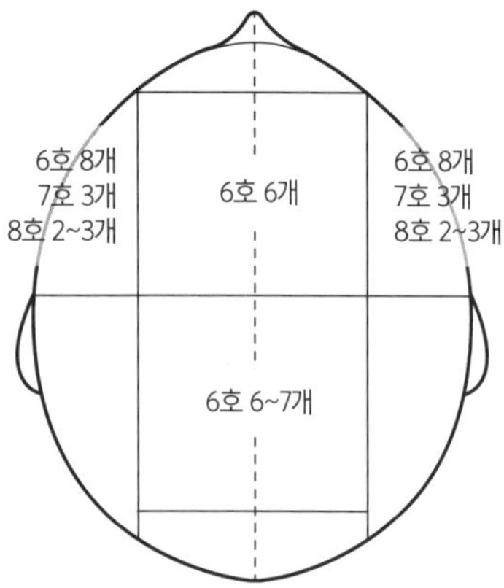

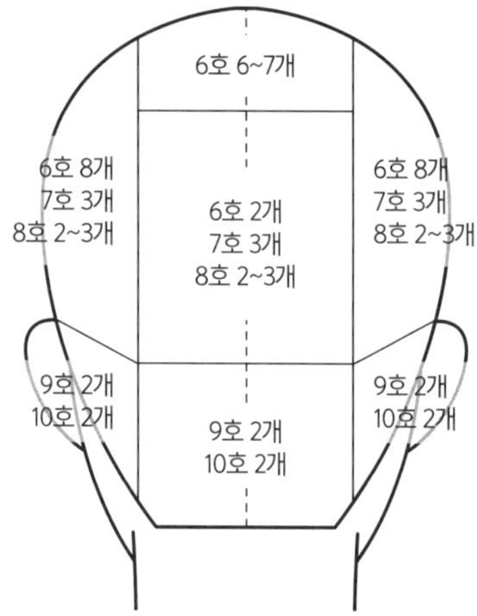

2) 9등분 블로킹 와인딩

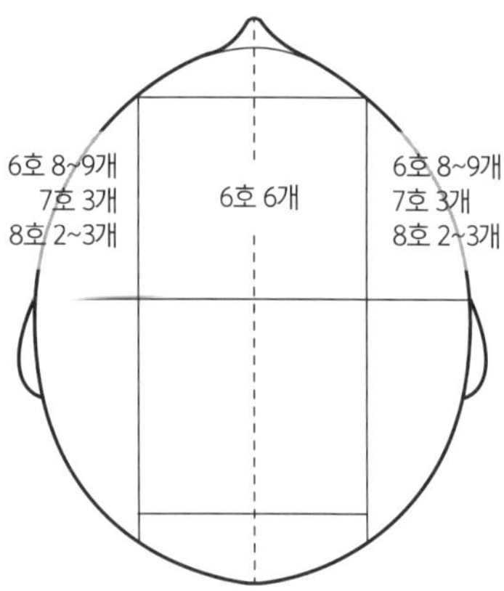

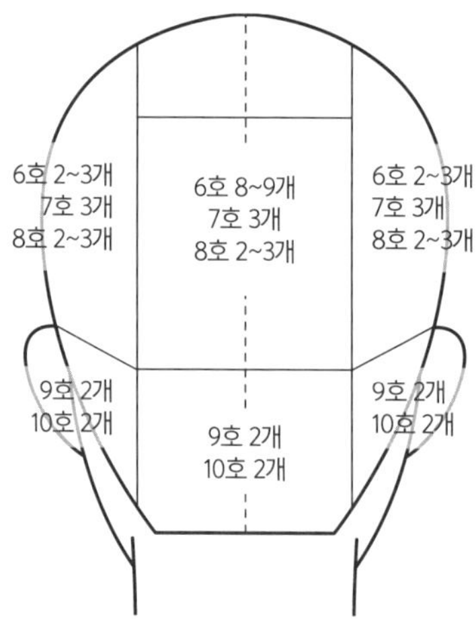

2. 10등분, 9등분 와인딩의 실제 Ⅰ

◌ 1 블로킹을 나누고 와인딩의 순서는 블로킹의 역순으로 진행한다.

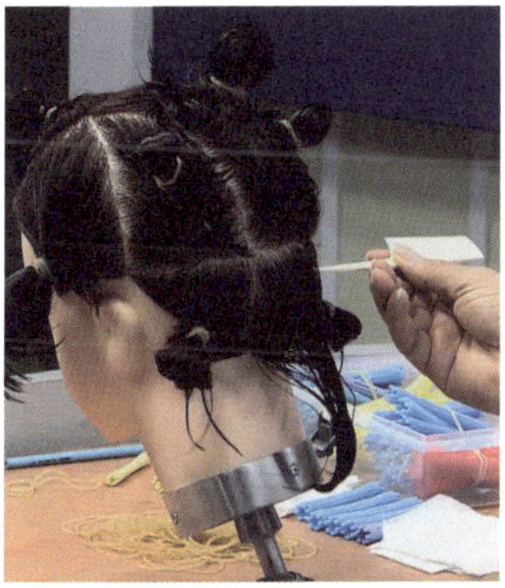

① 우선 9등분 블로킹으로 나누고 네이프의 중앙 부분부터 시작한다.

② 패널의 두께는 와인딩하고자 할 로드의 두께로 나누고, 패널의 넓이는 로드의 넓이에서 좌우 약 0.5cm를 제외한 넓이로 잡는다.

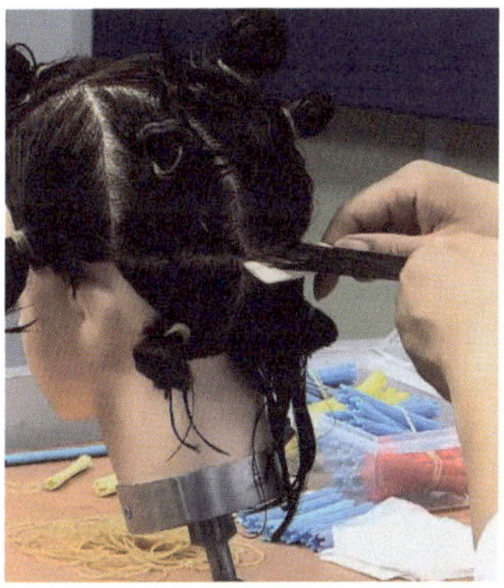
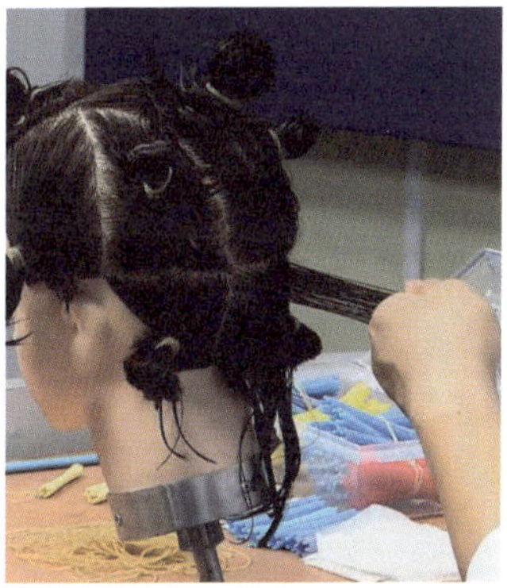

③ 빗질 후 사각형의 패널을 왼손으로 잡는다. 오른손과 번갈아 바꿔 잡으면서 패널의 모양을 삼각형으로 모아준다.[9장 패널과 빗질 방법, 와인딩 방법 참조]

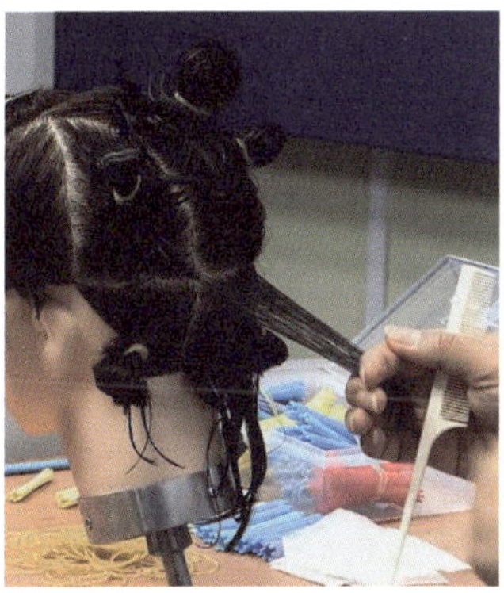
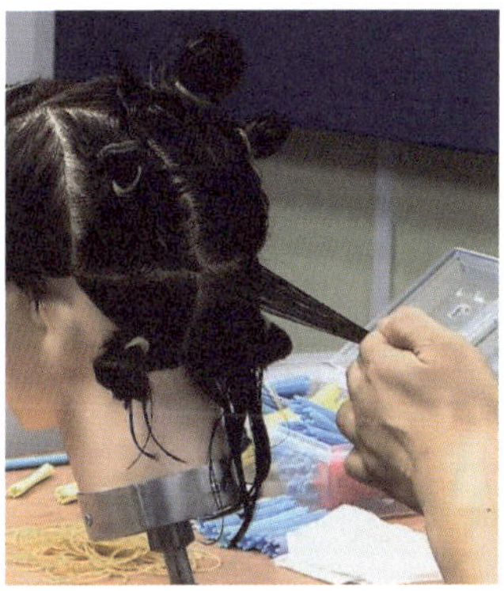

④ 오른손으로 퍼머종이를 집어서 패널을 잡고 있는 왼손 검지 위로 올려준다.

⑤ 오른손의 검지와 중지로 번갈아 쥐면서 엔드 페이퍼의 방법대로 페이퍼를 잡는다.[1장 참조]

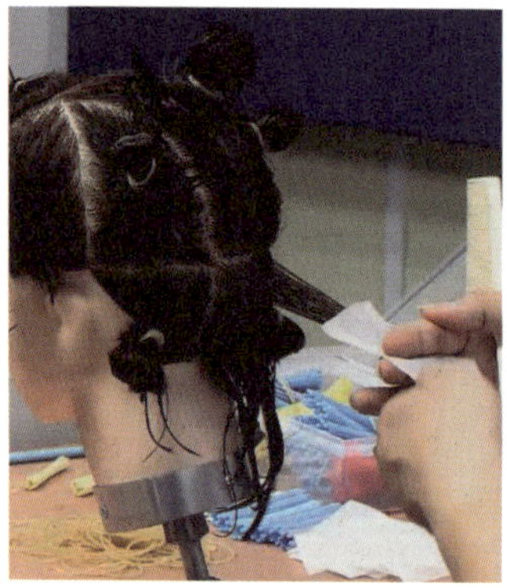

⑥ 오른손의 엄지와 검지로 9호 로드의 끝을 잡고 페이퍼의 아랫부분, 모발의 끝 지점에 위치한다.

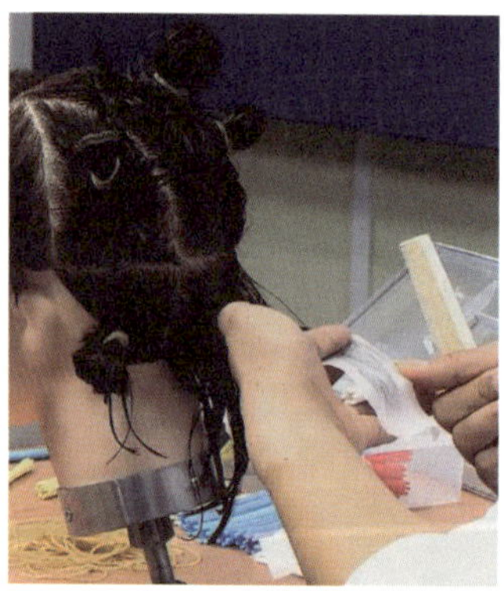

⑦ 오른손의 중지로 페이퍼를 살짝 친 다음, 아래에서 왼손 중지로 페이퍼를 잡는다.

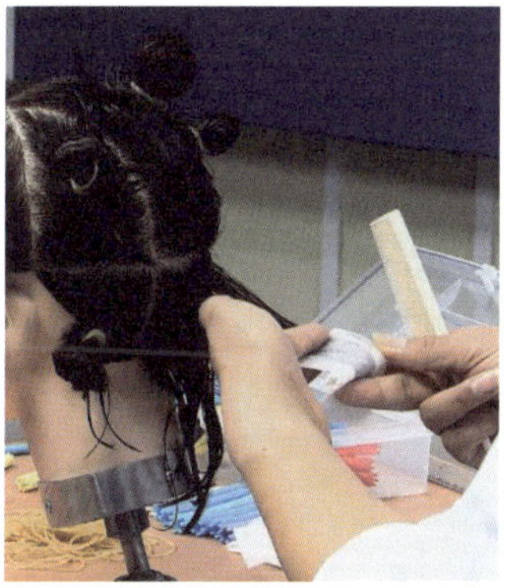

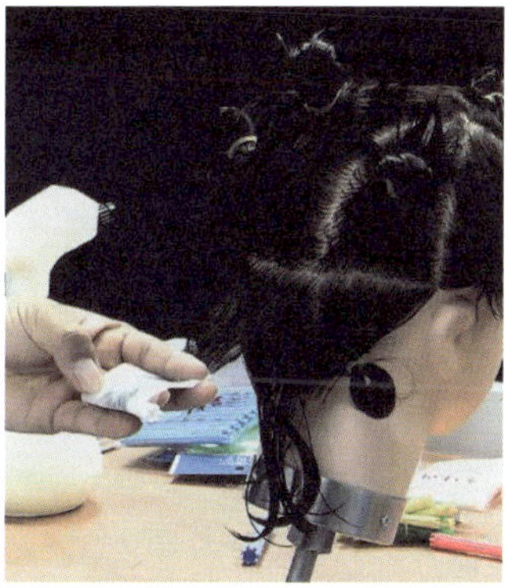

⑧ 왼손으로 잡은 상태에서 오른손의 엄지, 검지, 중지를 사용하여 와인딩한다.

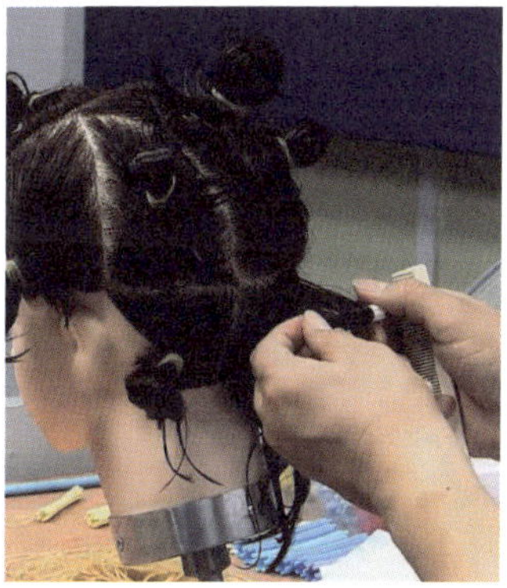

⑨ 페이퍼가 보이지 않을 때까지 와인딩한 후 왼손을 떼고 두 손으로 로드를 잡고 모근까지 와인딩한다.

⑩ 오른손으로 고무밴드를 가져와 11자 밴딩으로 밴딩한다.[1장 밴딩 방법 참조]

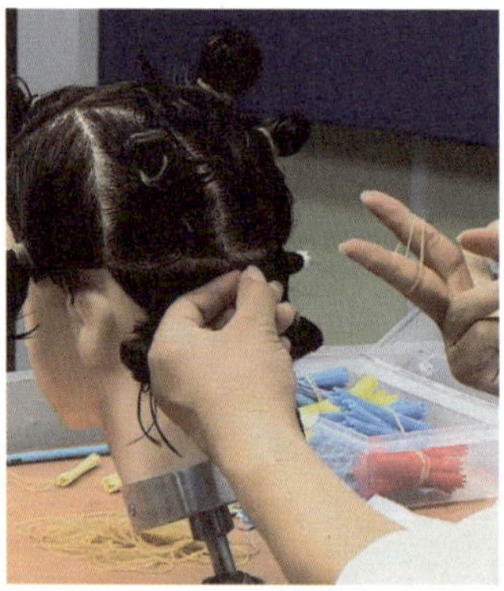

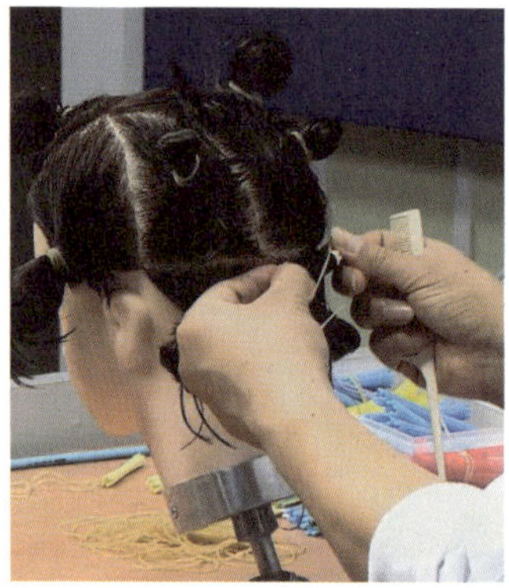

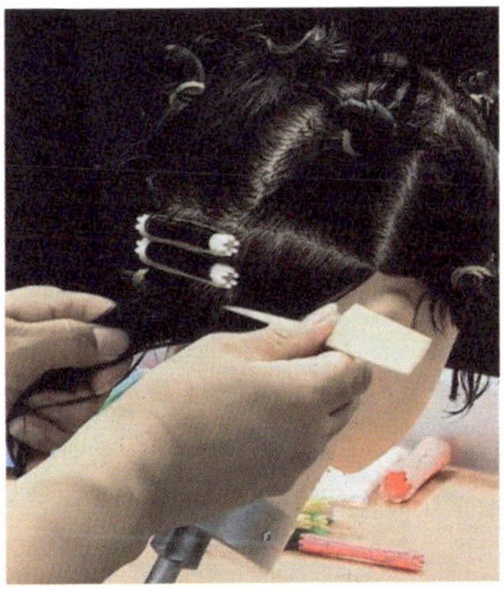

⑪ 같은 방법대로 90˚ 각도를 유지하며 네이프 중앙 블록의 두 번째 9호 로드를 와인딩한다.

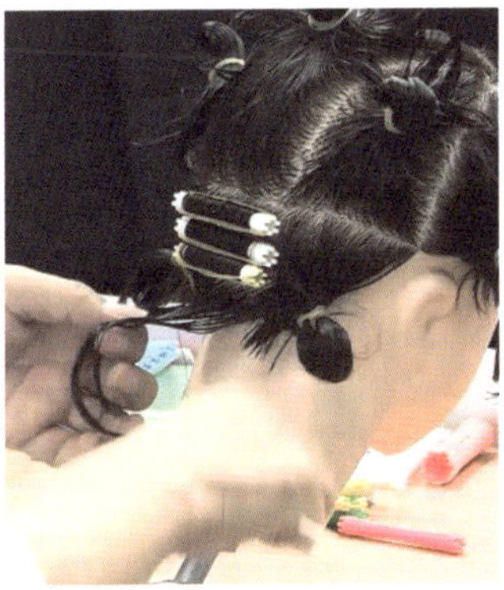

⑫ 계속해서 같은 방법대로 90˚ 각도를 유지하며 네이프 중앙 블록의 세 번째 10호 로드를 와인딩한다.

⑬ 계속해서 90˚ 각도를 유지하며 네이프 중앙 블록의 네 번째 10호 로드를 와인딩한다.

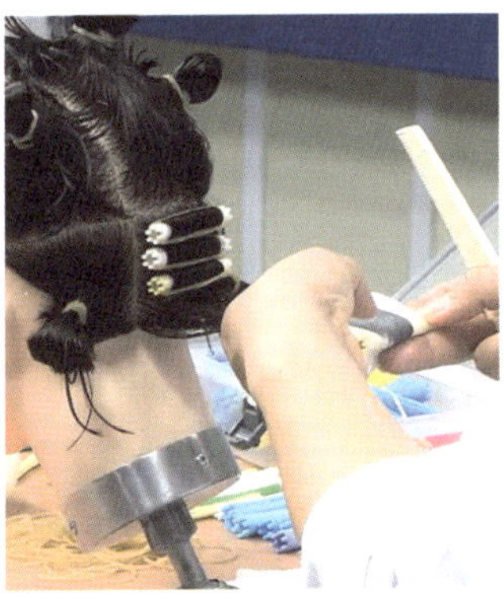

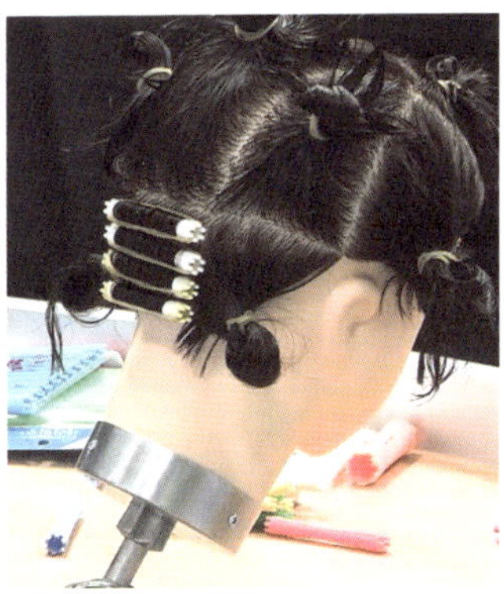

⑭ 네이프 중앙블록이 끝나면 다음 네이프의 오른쪽 블록으로 이동하여 2번째 블록의 와인딩을 진행한다.

⑮ 오른쪽 블록은 약간 사선의 형태로 패널을 잡아서 첫 번째 9호 로드를 와인딩한다.

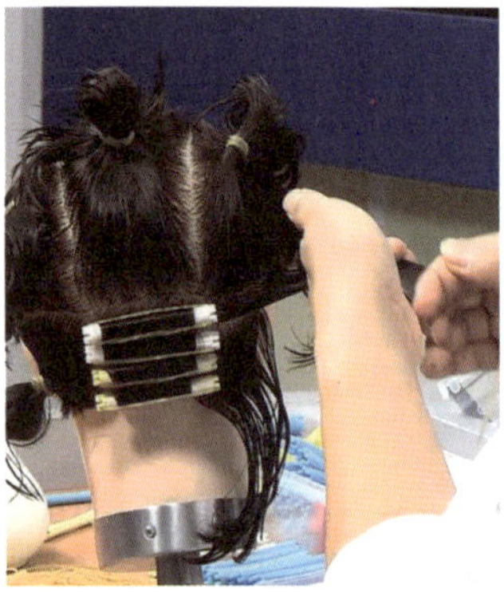

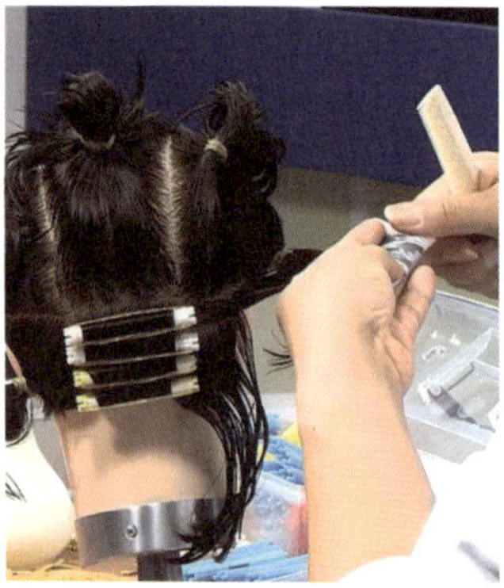

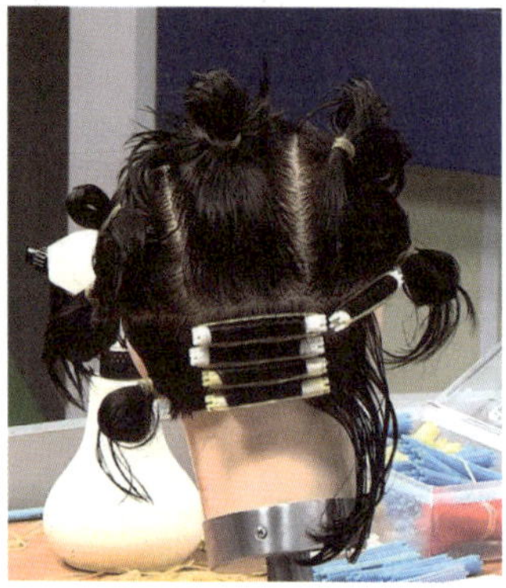

⑯ 같은 방법대로 사선으로 90° 각도를 유지하며 네이프 오른쪽 블록의 두 번째 9호 로드를 와인딩한다.

⑰ 계속해서 같은 방법대로 사선으로 90° 각도를 유지하며 네이프 오른쪽 블록의 세 번째 10호 로드를 와인딩한다.

⑱ 사선으로 와인딩해야 하기 때문에 와인딩 시술 시 모발을 퍼머 종이의 왼쪽 부분에 위치하도록 한다. 또한 로드도 왼쪽으로 치우치게 위치하여 와인딩한다.

⑲ 네이프 오른쪽 블록의 네 번째 10호 로드를 와인딩한다.

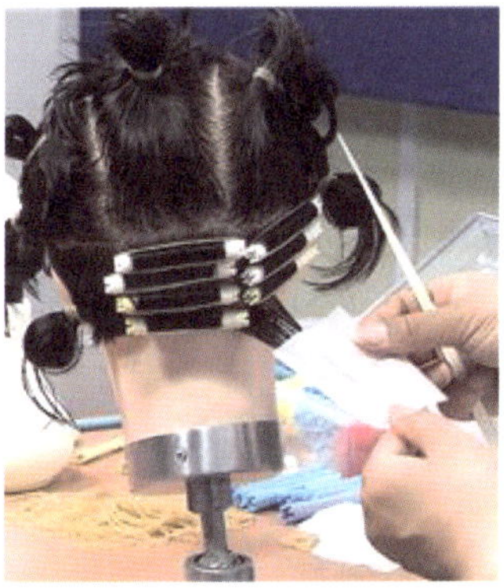

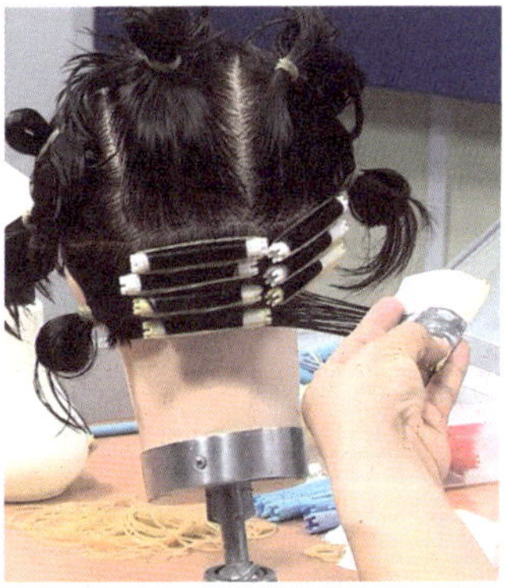

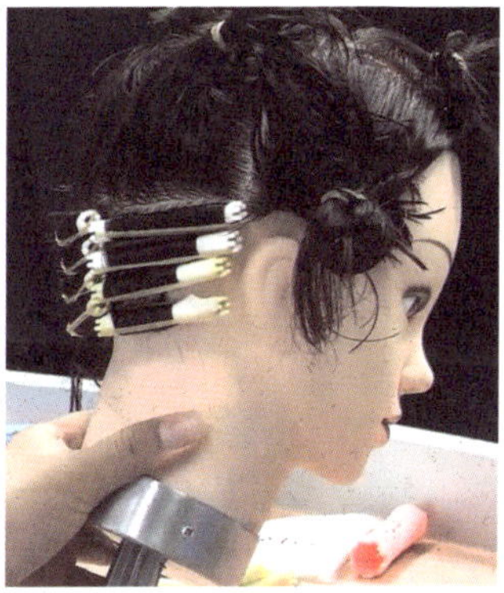

⑳ 네이프 오른쪽 블록이 끝나면 반대편 네이프의 왼쪽 블록으로 이동하여 세 번째 블록의 와인딩을 진행한다.

㉑ 왼쪽도 같은 방법대로 약간 사선의 형태로 패널을 잡아서 첫 번째 9호 로드를 와인딩한다.

㉒ 같은 방법대로 사선으로 90° 각도를 유지하며 네이프 왼쪽 블록의 두 번째 9호 로드를 와인딩한다.

㉓ 계속해서 같은 방법대로 사선으로 90° 각도를 유지하며 네이프 왼쪽 블록의 세 번째 10호 로드를 와인딩한다.

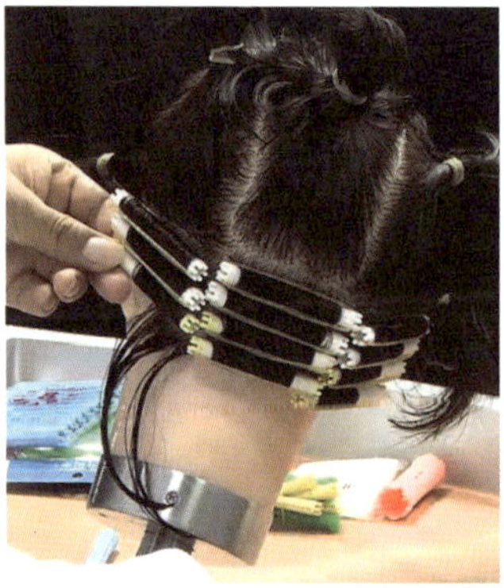

㉔ 사선으로 와인딩해야 하기 때문에 와인딩 시술 시 모발을 퍼머 종이의 오른쪽 부분에 위치하도록 한다. 또한 로드도 오른쪽으로 치우치게 위치하여 와인딩한다.

㉕ 네이프 왼쪽 블록의 네 번째 10호 로드를 와인딩한다.[12장 계속]

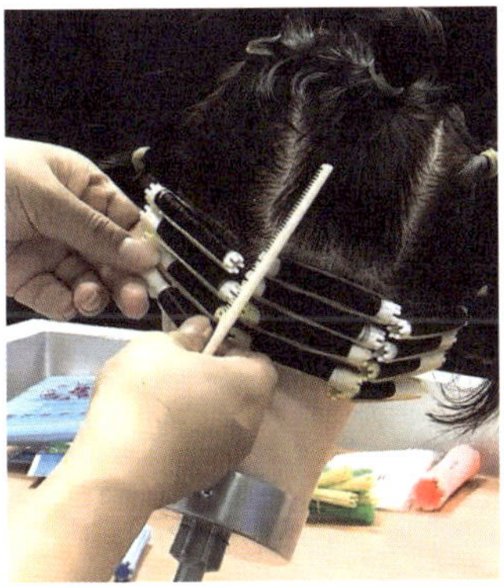

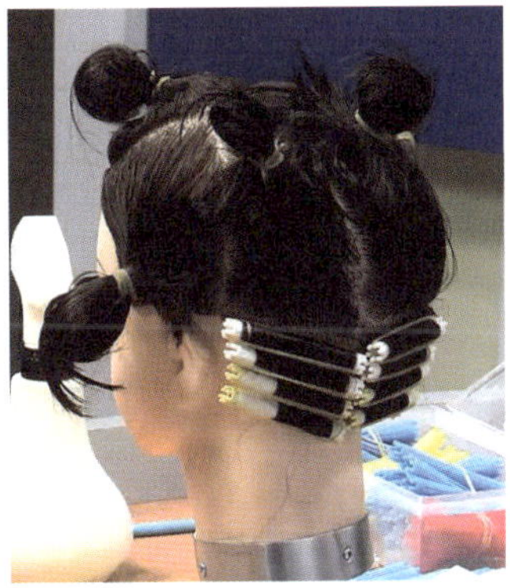

Chapter 12

기본 퍼머넌트 웨이브의 와인딩 II

Basic Permanent Wave Winding II

2. 10등분, 9등분 와인딩의 실제 II

① 네이프의 3번째 블록의 와인딩을 마치고 후두부의 네 번째 블록을 와인딩하기 위해 이동한다.

② 4번째 블록은 9등분 블로킹과 10등분 블로킹을 위해서 나누거나 합해진다. 나누면 10등분 블로킹이 되고 합하면 9등분 블로킹이 된다[9장, 11장의 9등분 블로킹 참조]. 다음 그림은 4번째 블록을 9등분에서 10등분으로 나눈 그림이다.

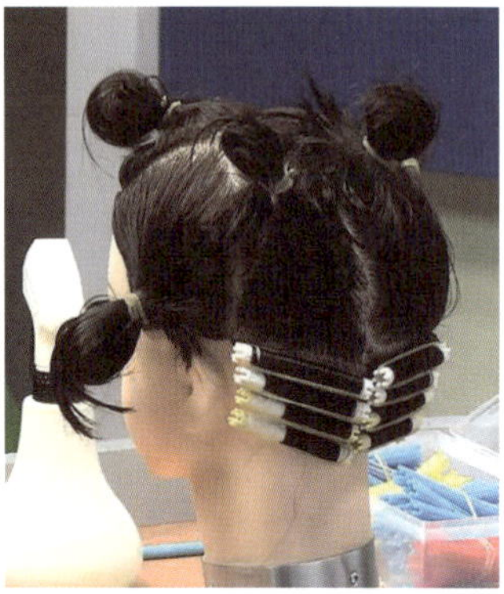

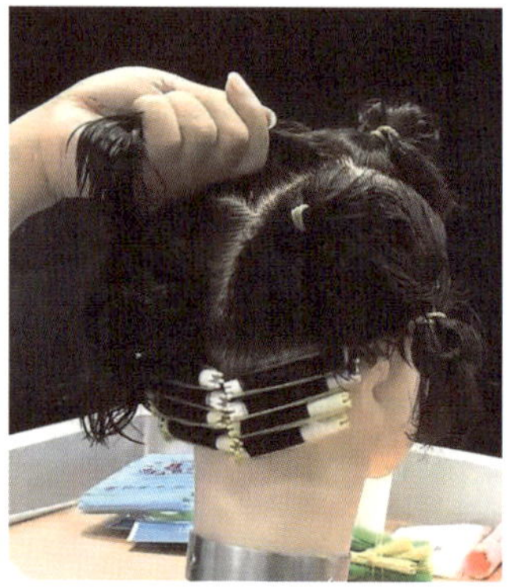

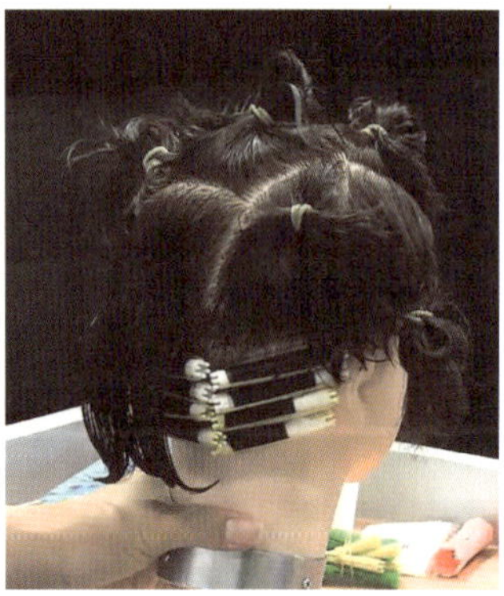

③ 10등분으로 나눈 상태에서 후두부의 아랫부분, 즉 네 번째 블록에서 시작한다. 네 번째 블록은 6호 2개, 7호 3개, 8호 2개를 와인딩한다.

④ 네 번째 블록의 첫 번째 6호 로드와 두 번째 6호 로드를 이어서 90˚ 각도를 유지하고 와인딩한다.

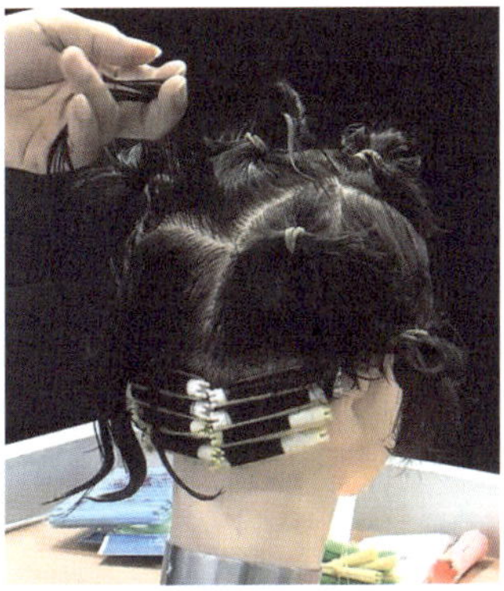

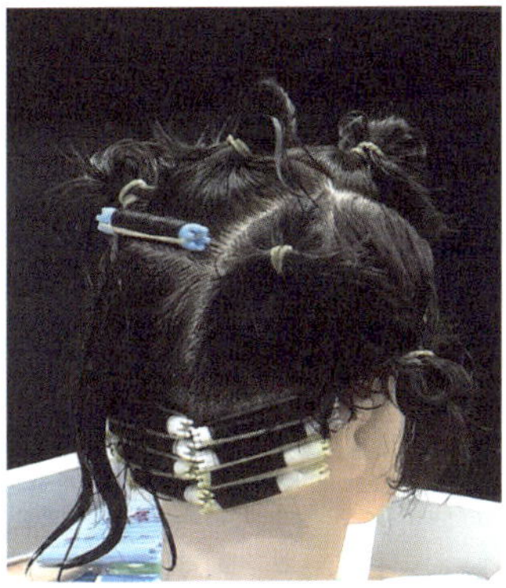

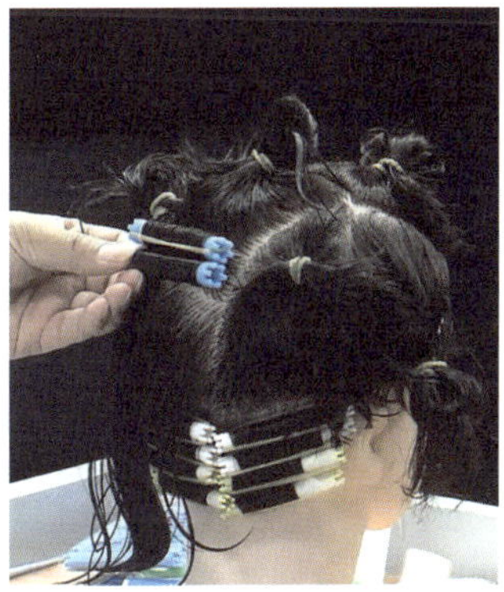

⑤ 계속해서 같은 방법대로 90° 각도를 유지하며 네 번째 블록의 세 번째 7호 로드를 와인딩한다.

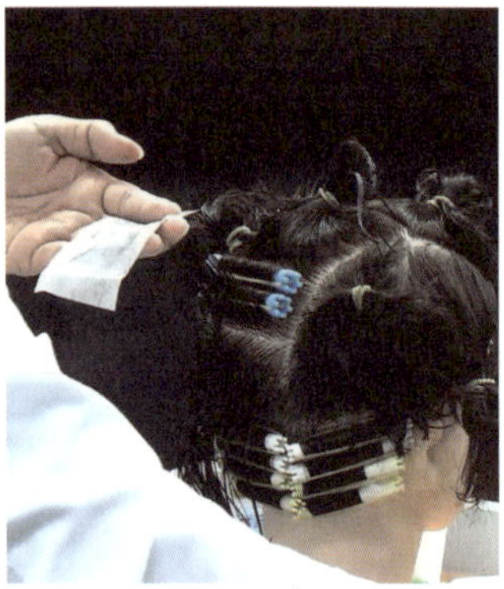
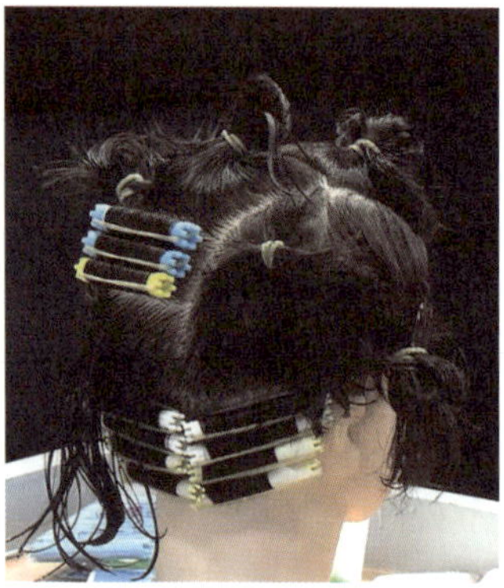

⑥ 이어서 네 번째 7호 로드를 와인딩한다.

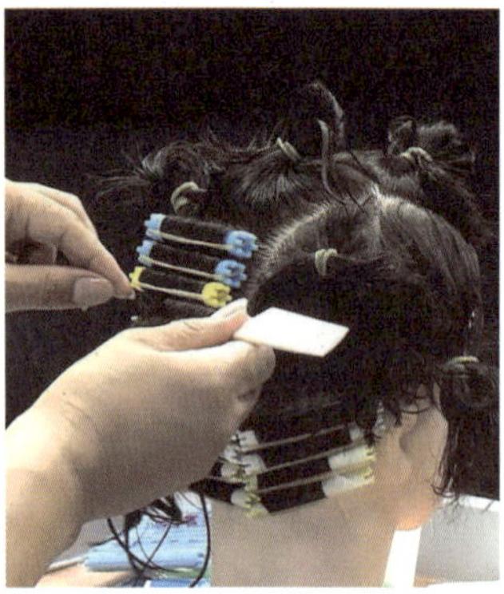

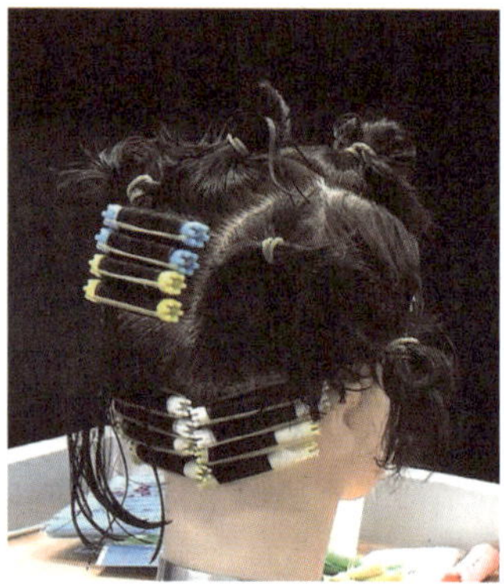

⑦ 4번째 블록의 다섯 번째 7호 로드를 와인딩한다.

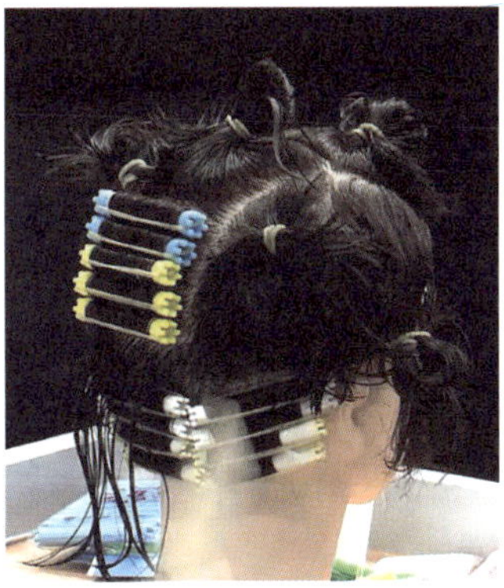

⑧ 다음 로드 선정에서는 남아 있는 공간이 부족하면 8호 로드 2개로 완성하고, 공간이 많이 남으면 8호 로드 3개로 완성한다.

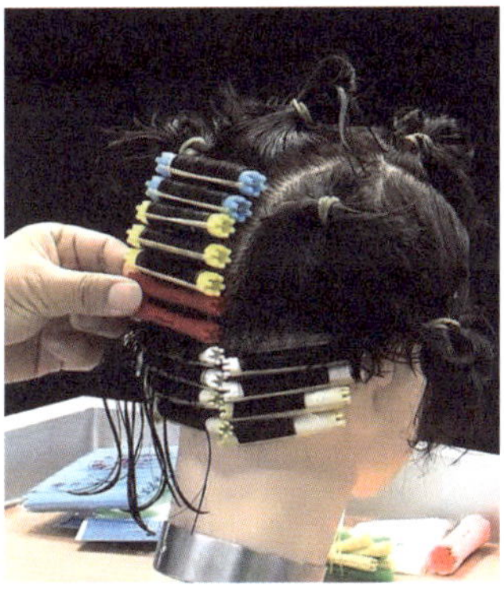

⑨ 4번째 블록의 여섯 번째 8호 로드를 와인딩한다.

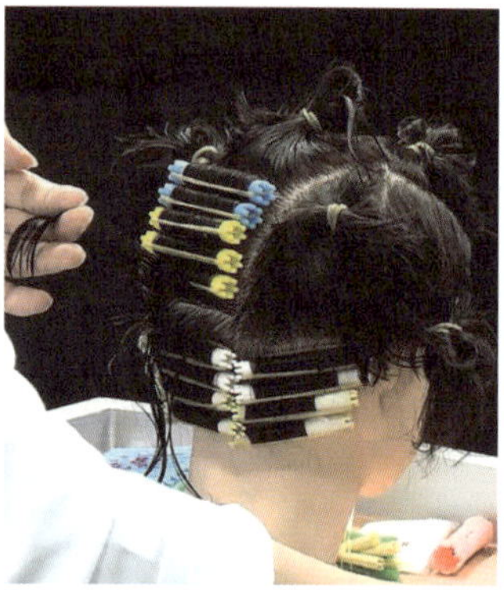

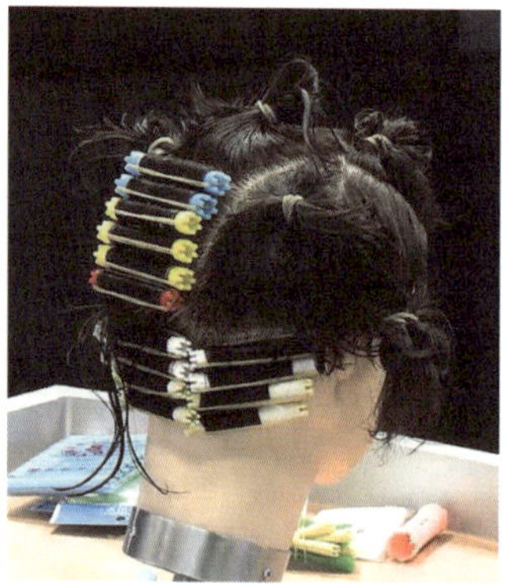

⑩ 4번째 블록의 일곱 번째 8호 로드를 와인딩하고 삐뚤어지거나 지저분한 로드를 정리한다.

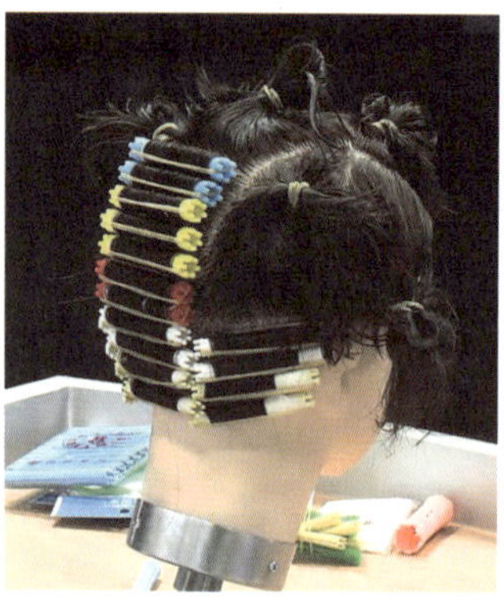

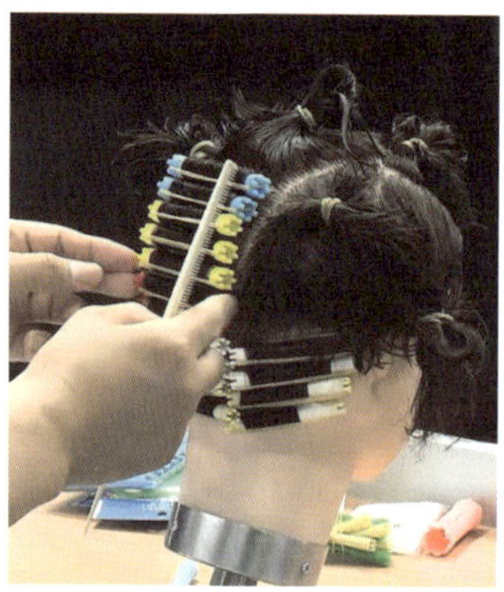

⑪ 4번째 블록 와인딩을 마치고 후두부의 오른쪽부터 5번 블록을 시작한다. 5번째 블록은 6호 2개, 7호 3개, 8호 2개를 와인딩한다.

⑫ 5번 블록의 첫 번째 6호 로드와 두 번째 6호 로드를 이어서 90° 각도를 유지하고 와인딩한다. 블록에서 약간 사선의 형태가 되도록 와인딩한다.

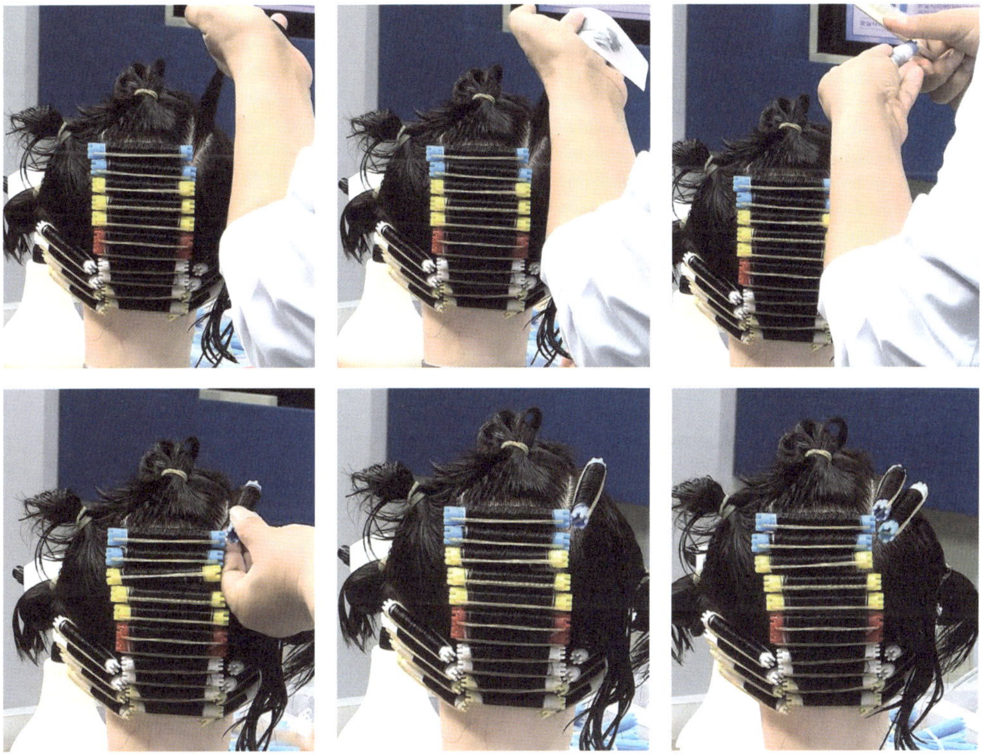

⑬ 같은 방법대로 사선으로 90° 각도를 유지하며 세 번째 7호 로드를 와인딩한다.

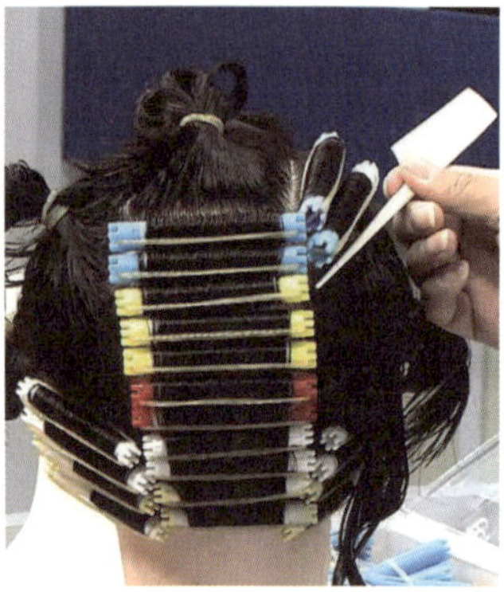

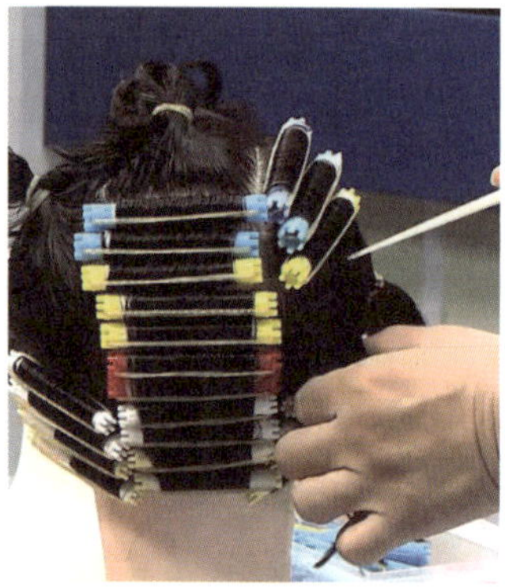

⑭ 이어서 네 번째 7호 로드를 와인딩한다.

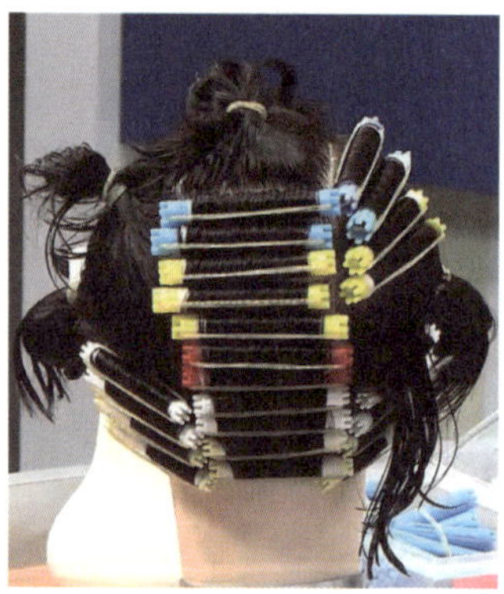

⑮ 5번 블록의 다섯 번째 7호 로드를 와인딩한다.

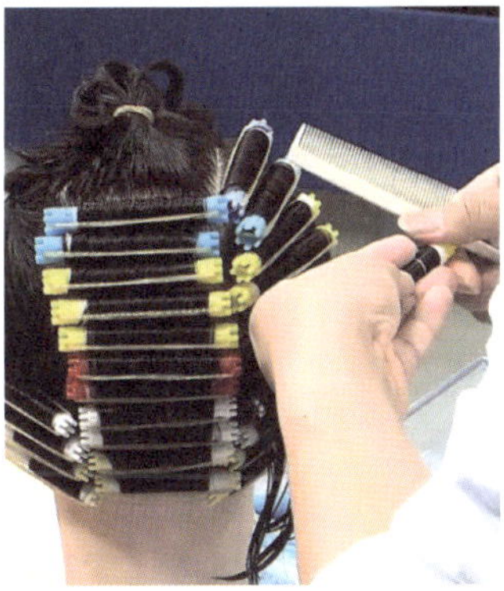

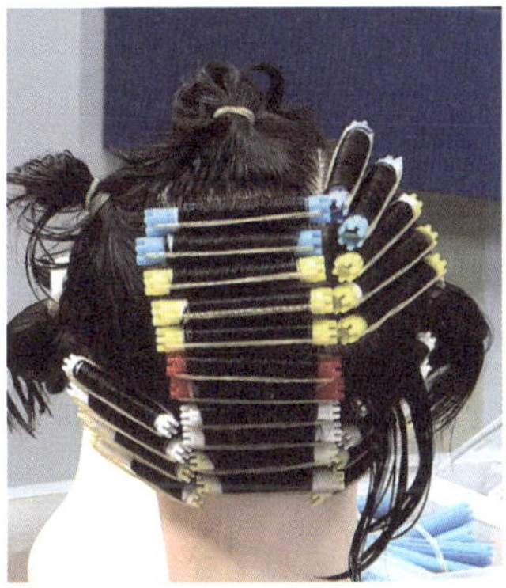

⑯ 4번 블록의 로드 개수와 라인을 맞추어 8호 로드를 2개를 와인딩하고, 삐뚤어지거나 지저분한 로드를 정리한다.

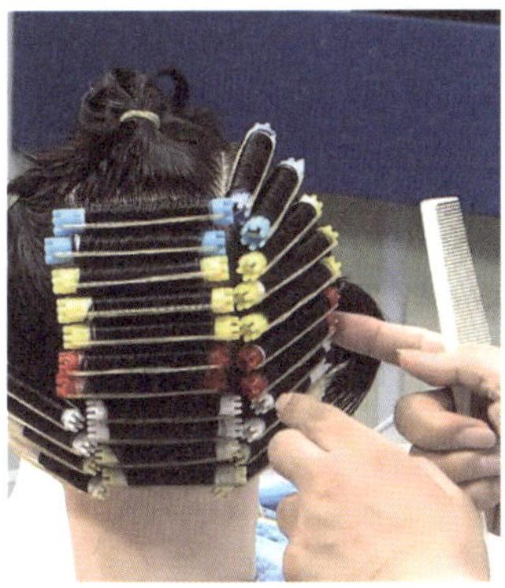

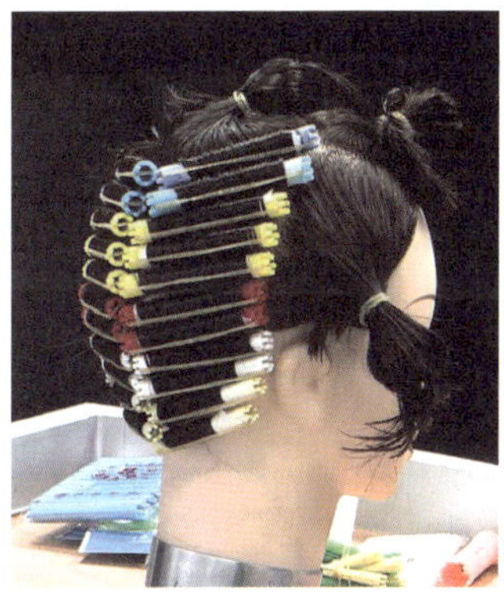

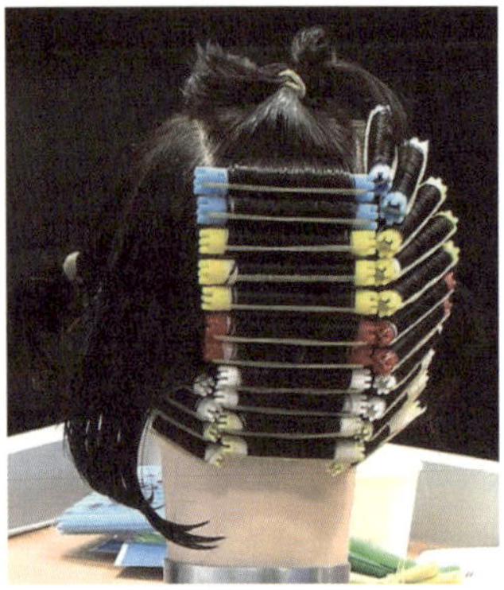

⑰ 5번 블록 와인딩을 마치고 후두부의 왼쪽 6번 블록을 시작한다. 같은 방법대로 6번 블록은 6호 2개, 7호 3개, 8호 2개를 와인딩한다.

⑱ 6번 블록의 첫 번째 6호 로드와 두 번째 6호 로드를 이어서 90° 각도를 유지하고 와인딩한다. 블록에서 약간 사선의 형태가 되도록 와인딩한다.

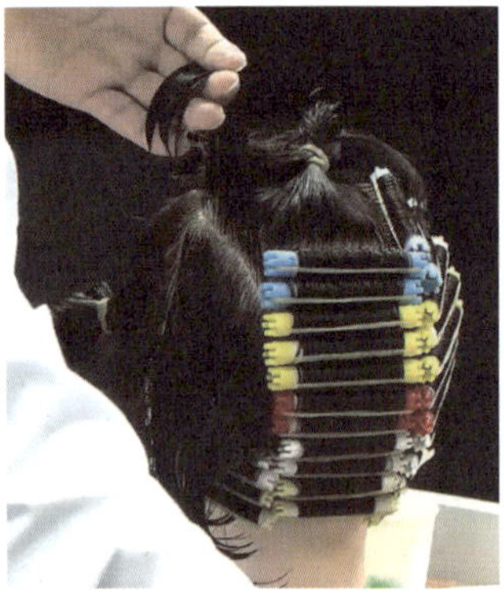

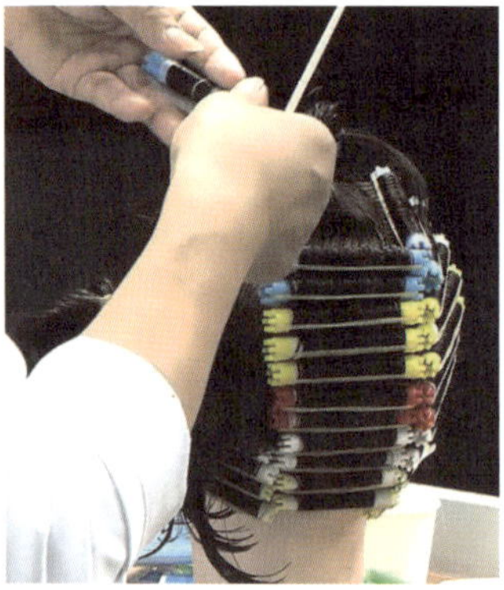

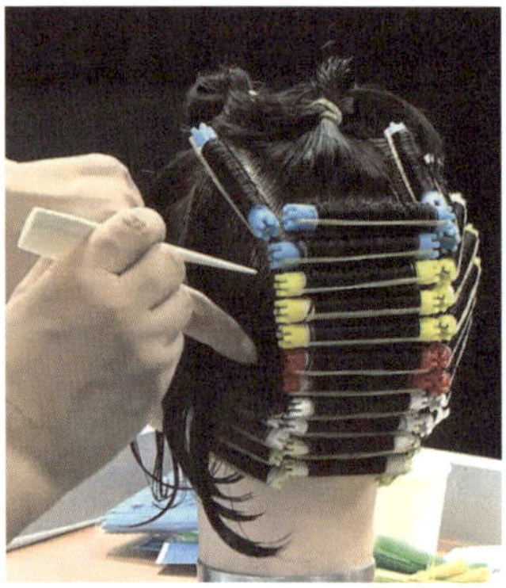

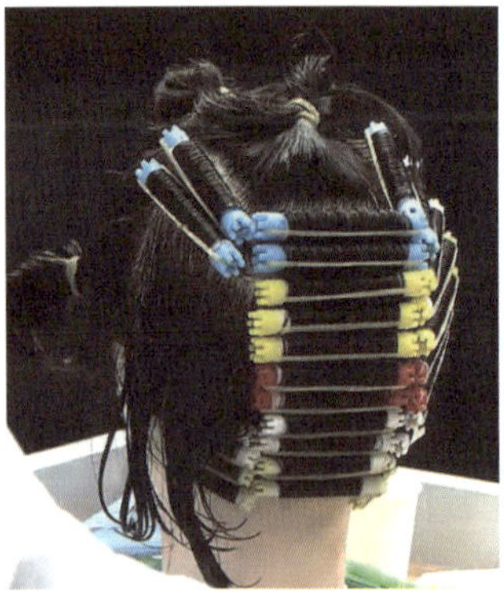

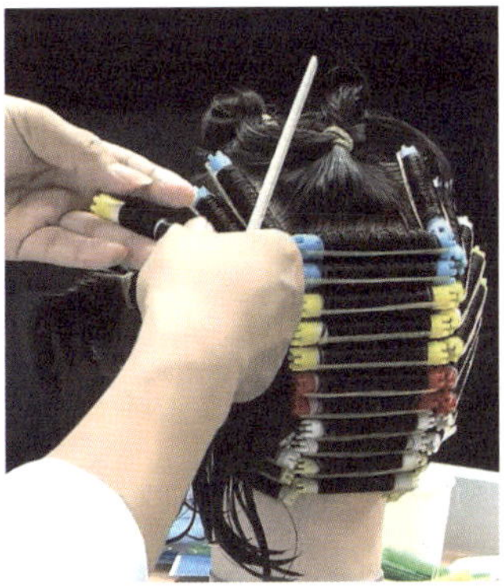

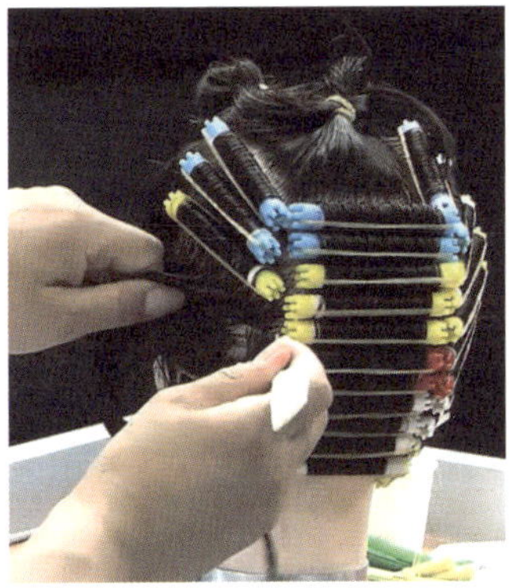

⑲ 같은 방법대로 사선으로 90° 도 각도를 유지하며 세 번째 7호 로드를 와인딩한다.

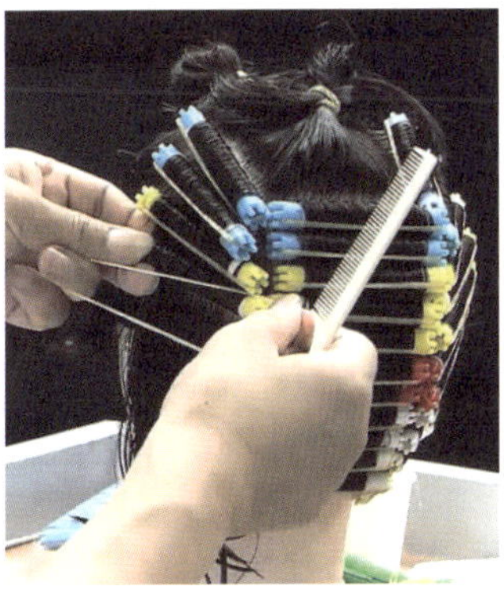

⑳ 이어서 네 번째 7호 로드를 와인딩한다.[13장 계속]

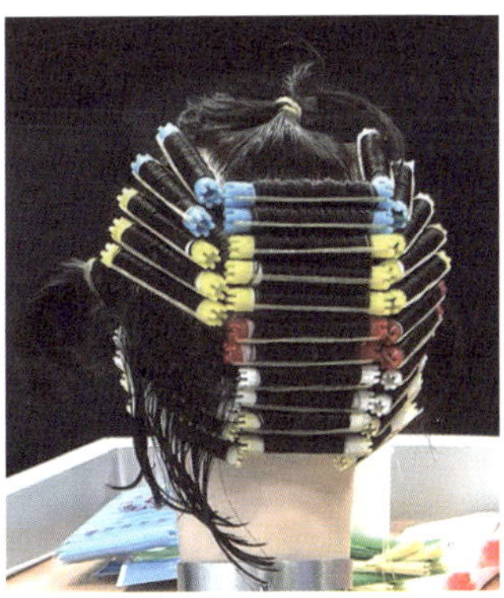

㉑ 5번 블록의 다섯 번째 7호 로드를 와인딩한다.

㉒ 5번 블록의 로드 개수와 라인을 맞추어 8호 로드 2개를 와인딩하고, 삐뚤어지거나 지저분한 로드를 정리한다.

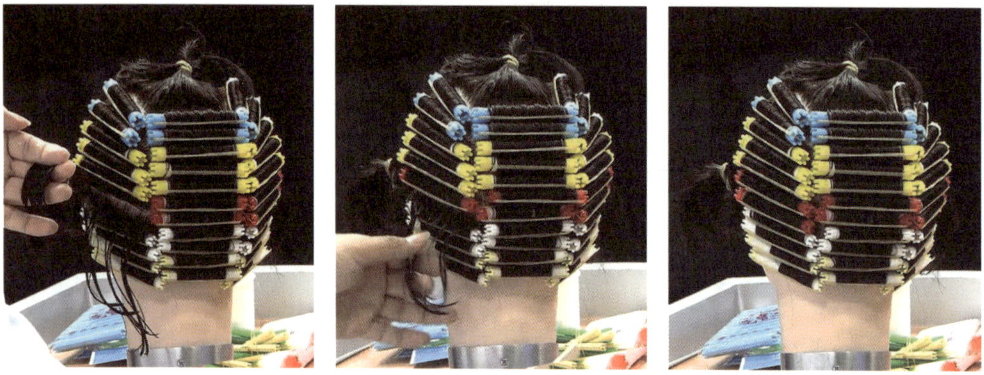

Chapter 12

기본 퍼머넌트 웨이브의 와인딩 III

Basic Permanent Wave Winding III

1. 10등분, 9등분 와인딩의 실제 III

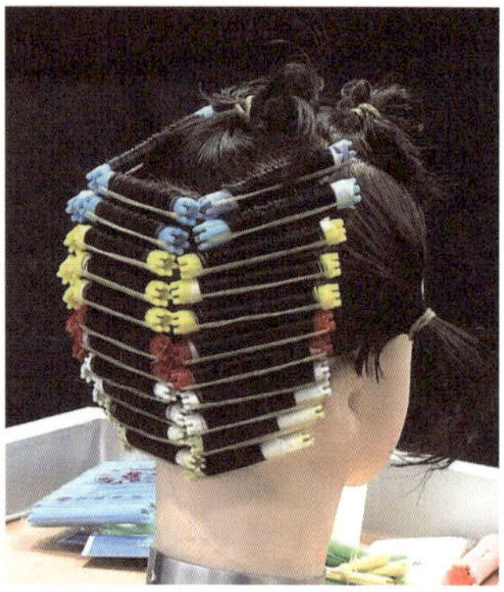

① 6번 블록 와인딩을 마치고 오른쪽 사이드 부분에 7번 블록을 시작한다. 7번 블록은 6호 2개, 7호 3개, 8호 2개를 와인딩한다.

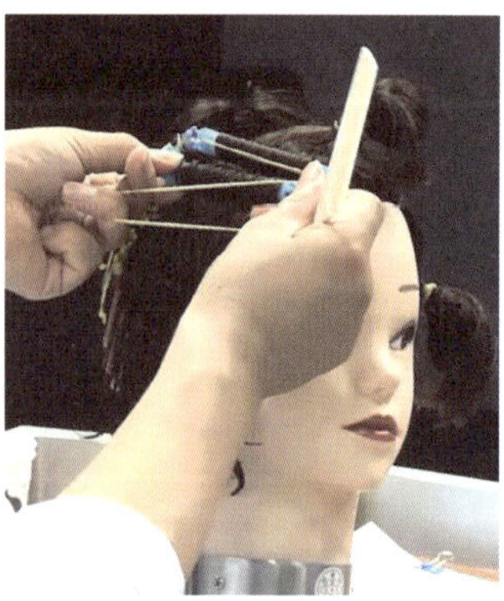
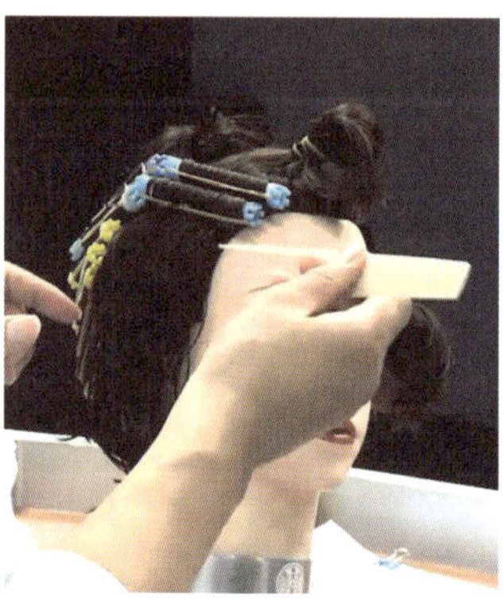

② 7번 블록의 첫 번째 6호 로드와 두 번째 6호 로드를 이어서 90° 각도를 유지하고 와인딩한다.

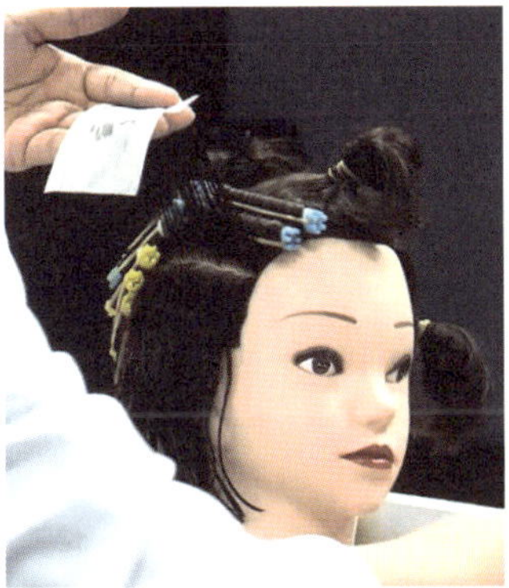

③ 계속해서 같은 방법대로 90° 각도를 유지하며 7번 블록의 세 번째 7호 로드를 와인딩한다.

④ 이어서 네 번째 7호 로드를 와인딩한다.

⑤ 7번 블록의 다섯 번째 7호 로드를 와인딩한다.

⑥ 5번 블록의 로드 개수와 라인을 맞추어 8호 로드를 와인딩한다.

⑦ 7번 블록의 마지막 일곱 번째 8호 로드를 와인딩하고, 삐뚤어지거나 지저분한 로드를 정리한다.

⑧ 7번 블록 와인딩을 마치고 반대편 왼쪽 사이드 부분에 8번 블록을 시작한다. 8번 블록도 마찬가지로 6호 2개, 7호 3개, 8호 2개를 와인딩한다. 먼저 수분이 부족하면 분무기로 수분을 보충하고 빗질한다.

⑨ 8번 블록의 첫 번째 6호 로드와 두 번째 6호 로드를 이어서 90° 각도를 유지하고 와인딩한다.

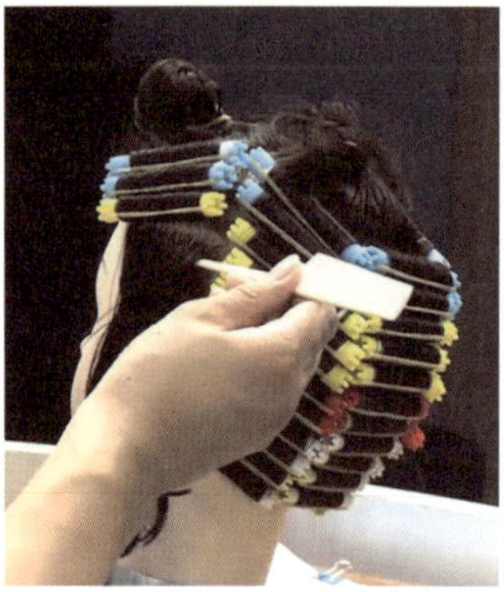

⑩ 계속해서 같은 방법대로 90° 각도를 유지하며 8번 블록의 세 번째 7호 로드를 와인딩 한다.

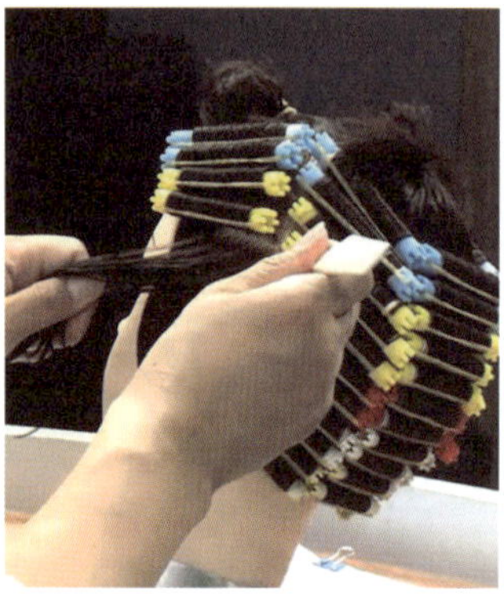

⑪ 이어서 네 번째 7호 로드를 와인딩한다.

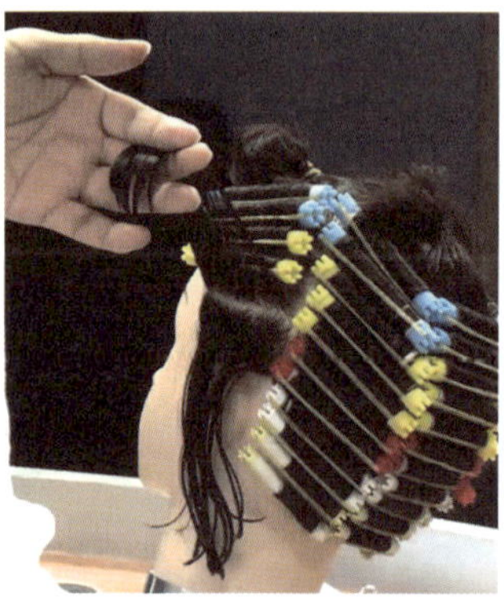

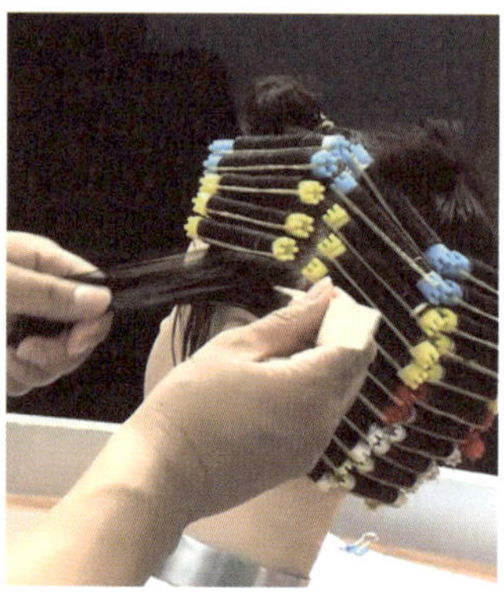

⑫ 8번 블록의 다섯 번째 7호 로드를 와인딩한다.

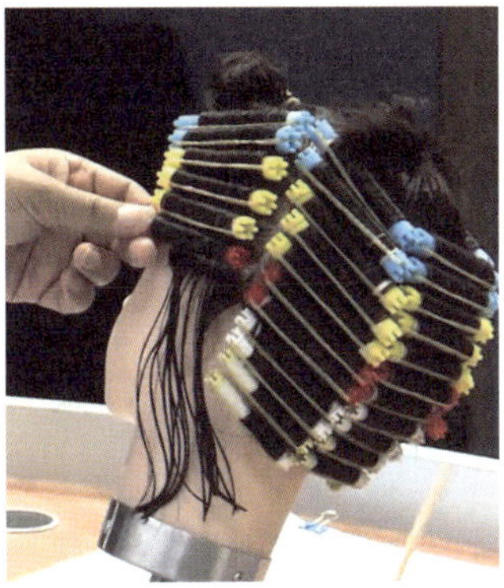

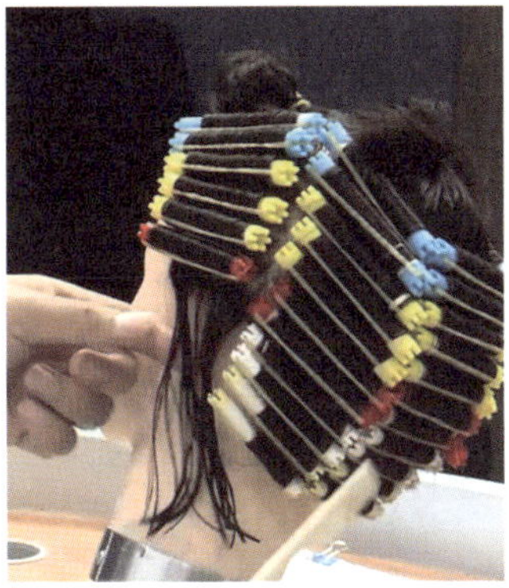

⑬ 6번 블록의 로드 개수와 라인을 맞추어 8호 로드를 와인딩한다.

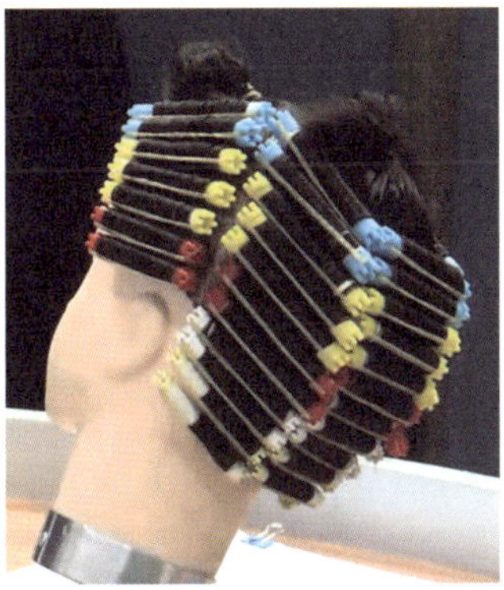

⑭ 8번 블록의 마지막 일곱 번째 8호 로드를 와인딩하고, 삐뚤어지거나 지저분한 로드를 정리한다.

⑮ 8번 블록 와인딩을 마치고 프런트 부분에 9번 블록을 시작한다. 9번 블록은 6호 6~7개를 와인딩한다. 먼저 수분이 부족하면 분무기로 수분을 보충하고 빗질한다.

⑯ 9번 블록의 첫 번째 6호 로드를 90° 각도를 유지하고 와인딩한다.

◌ 프런트와 탑 부분은 시술자가 고객의 뒤에 서서 와인딩해야 하기 때문에 기존의 와인딩 방식과는 다른 방식으로 와인딩한다.

⑰ 먼저 90° 각도로 빗질 후 패널은 오른손으로 바꿔서 잡고, 왼손으로 퍼머 종이를 잡아서 왼손 검지와 중지 사이에 1/3 정도를 넣는다.

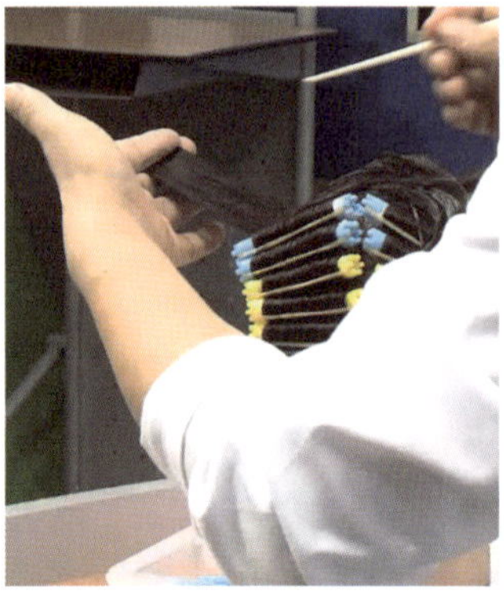
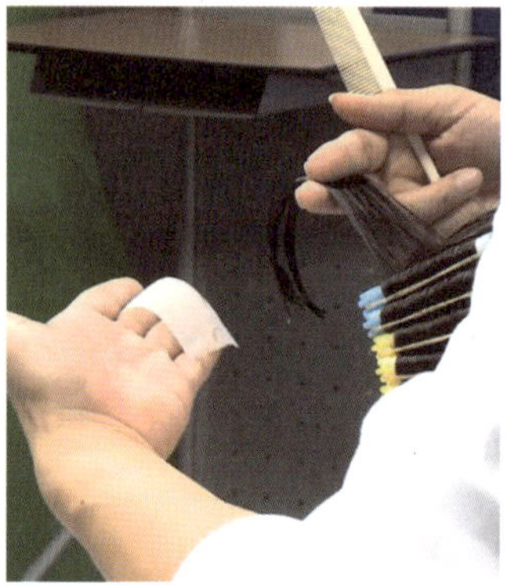

⑱ 왼손을 패널의 밑에 대고 패널의 모발과 같이 1/3 지점에서 잡는다.

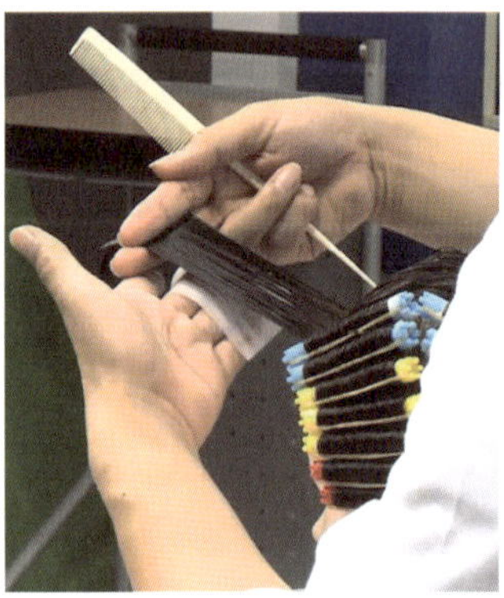
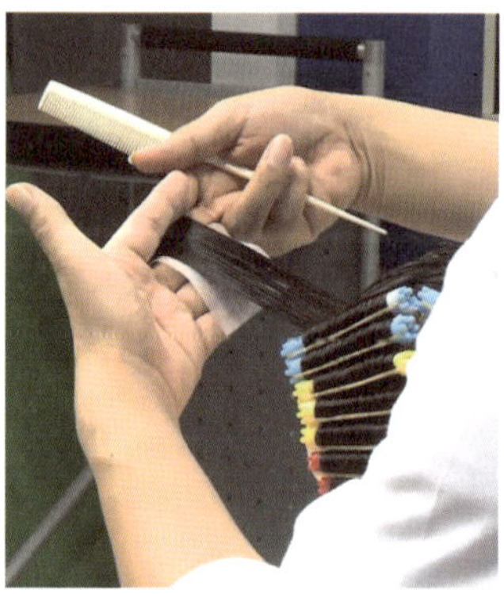
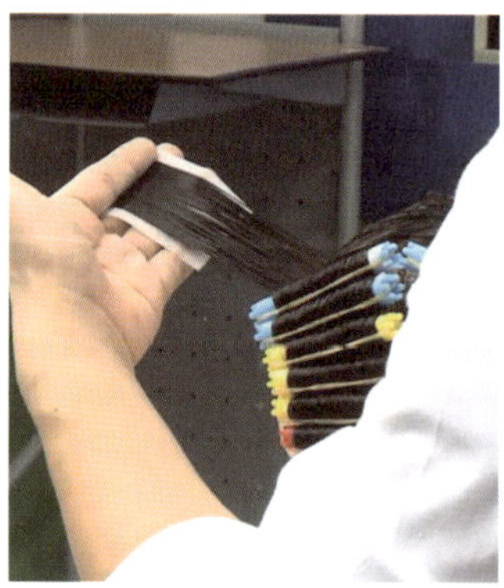

⑲ 오른손으로 6호 로드를 가져와서 패널 위에 올리고, 왼손 엄지로 잡는 상태에서 살짝 모발 끝쪽으로 잡아당긴다.

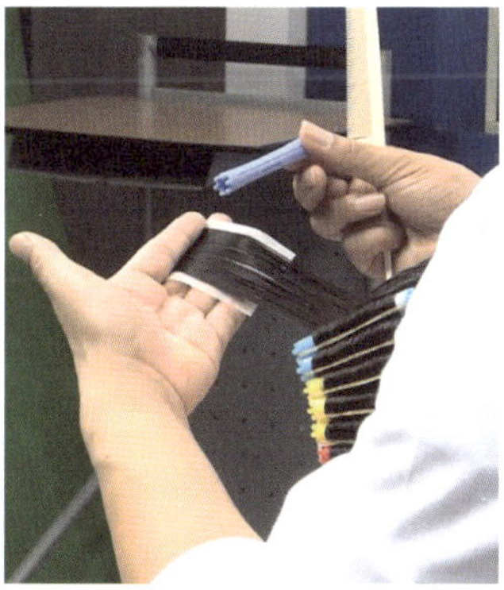
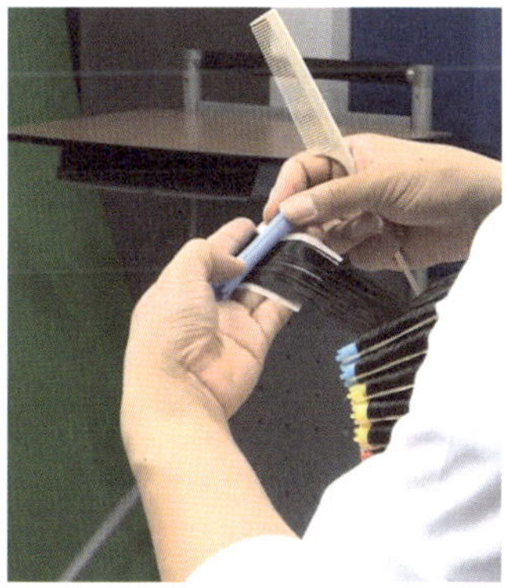
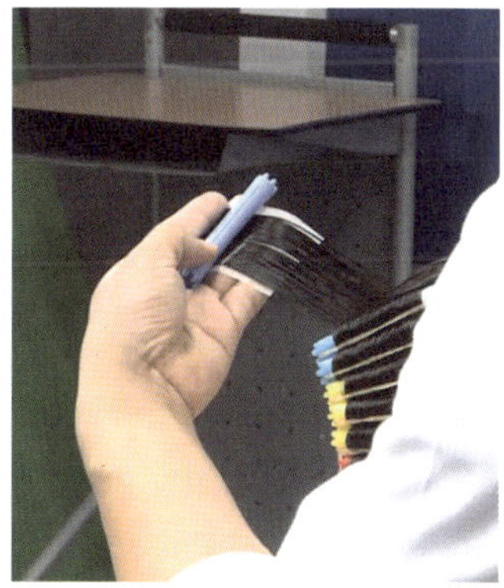
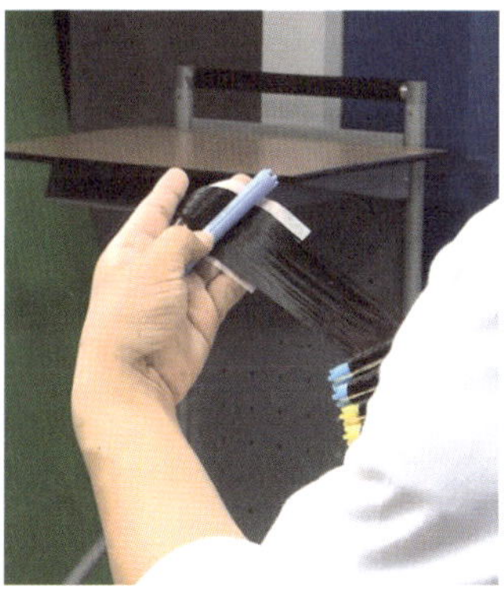

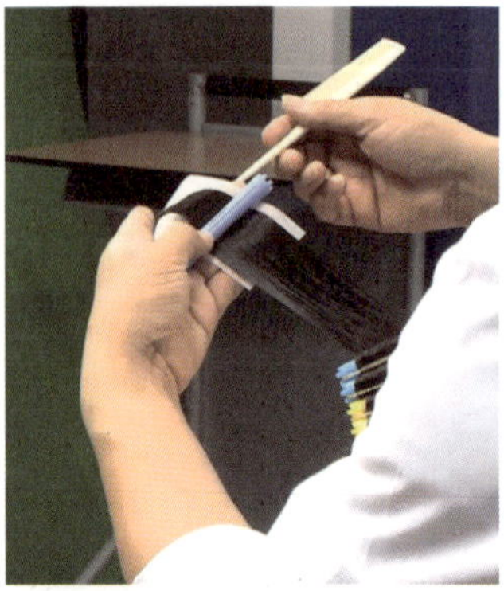
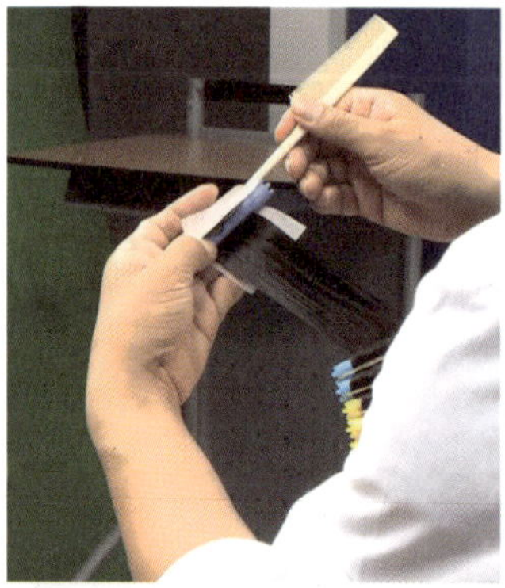
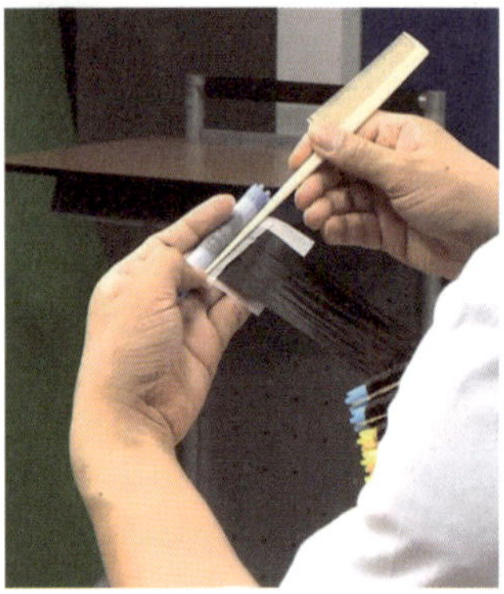
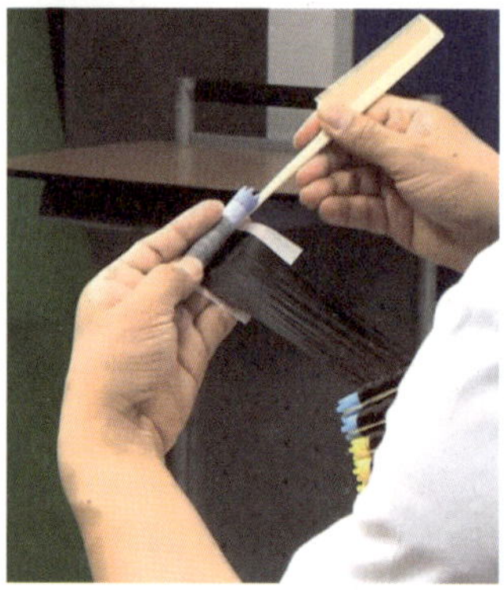

⑳ 오른손의 꼬리빗 꼬리 부분을 퍼머 종이 뒤에 대고, 꼬리 부분을 이용하여 로드 안으로 말아 넣는다.

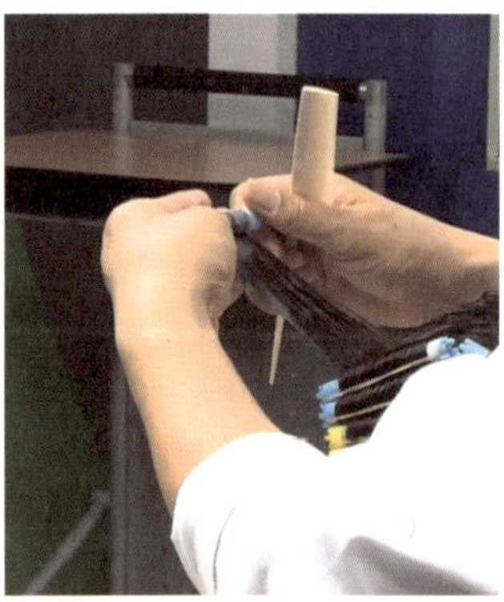
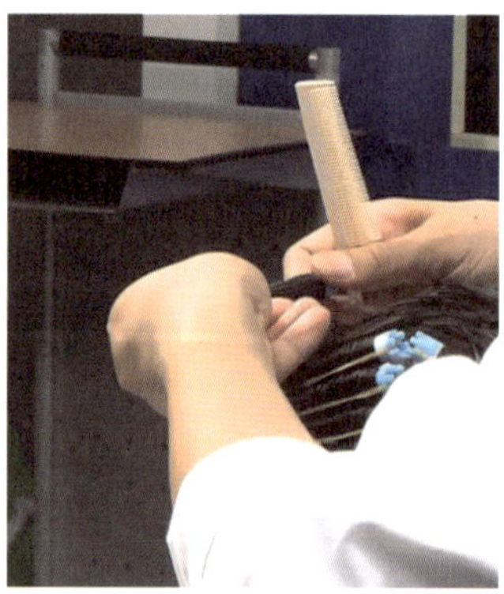

㉑ 꼬리빗을 빼고 오른손의 엄지, 검지로 로드의 오른쪽 끝부분을 잡고 와인딩하고, 밴딩 처리한다.

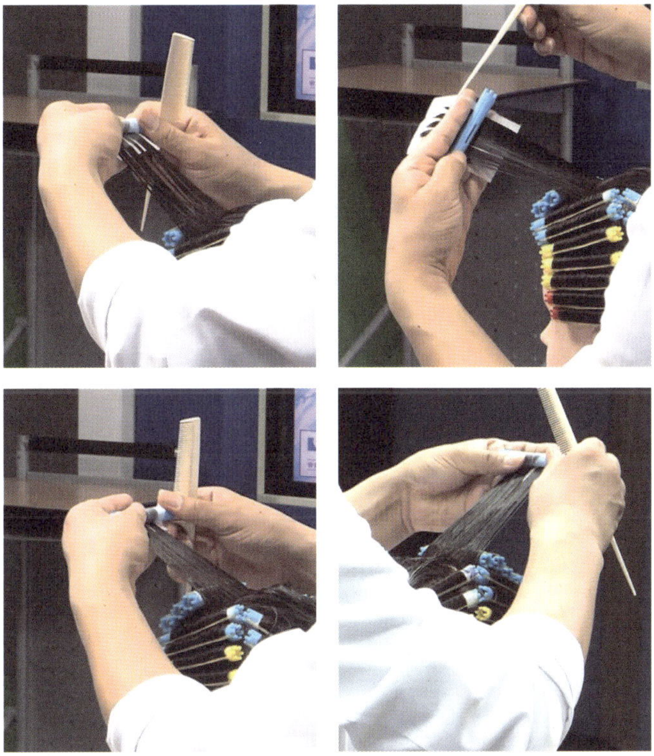

㉒ 9번 블록을 같은 방법대로 6호 로드를 이어서 90° 각도를 유지하고 와인딩하여 완성한다.

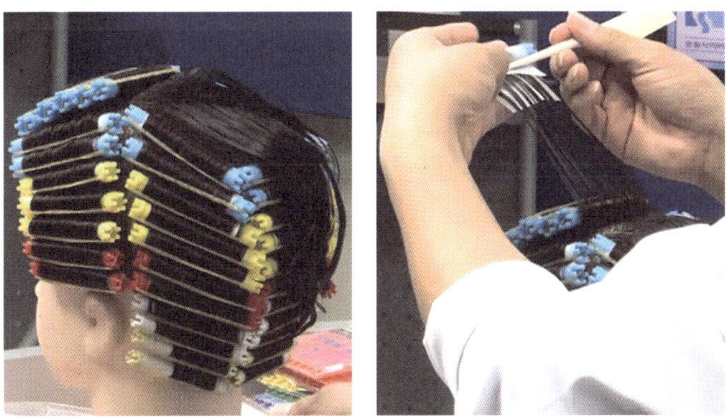

㉓ 9번 블록 와인딩을 마치고 탑 부분에 10번 블록을 시작한다. 10번 블록은 6호 6~7개를 와인딩한다. 수분이 부족하면 분무기로 수분을 보충하고 빗질한다.

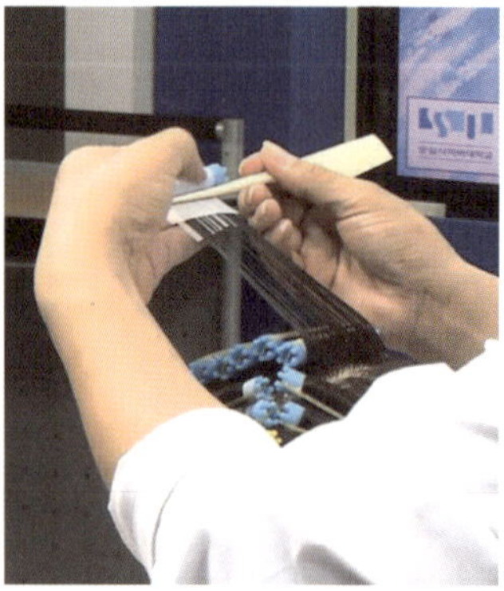

㉔ 10번 블록을 같은 방법대로 6호 로드를 3~4개 와인딩한다.

㉕ 10번 블록을 위와 같은 방법으로 6호 로드 3~4개를 완성 후, 시술자의 각도가 편해지면 나머지 로드는 다시 기본 와인딩의 형태로 와인딩하여 완성한다.

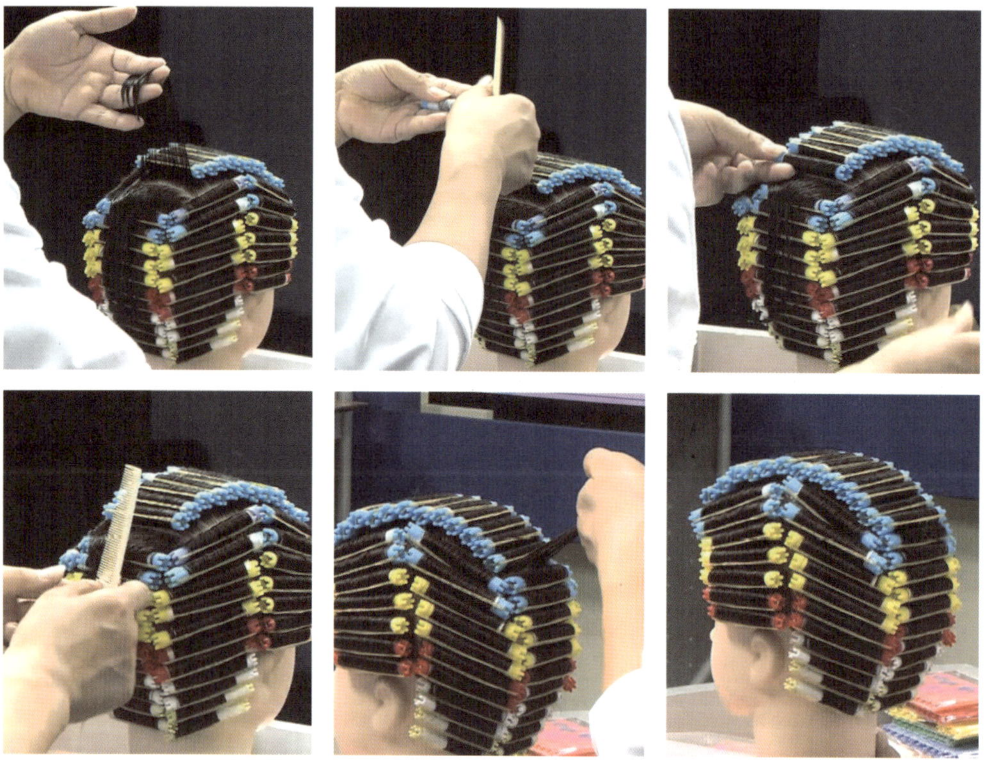

2. 스틱 활용의 실제

와인딩 완성 후 타이트한 고무줄의 자국을 방지하기 위해 전용 스틱을 고무줄 사이에 끼워서 모발의 손상을 방지한다.

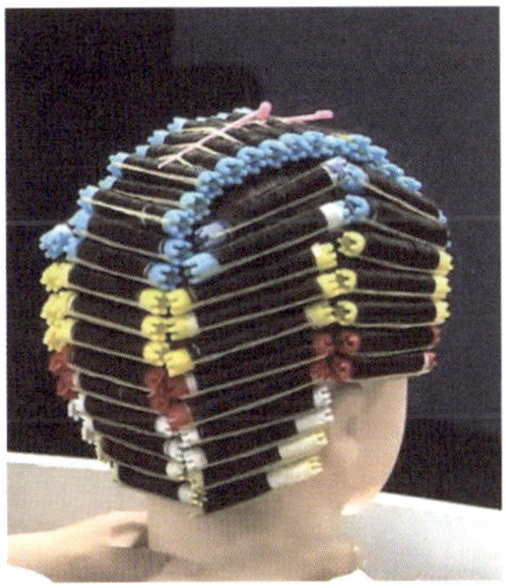

Chapter 14

기본 퍼머넌트 웨이브의 와인딩 Ⅳ

Basic Permanent Wave Winding Ⅳ

1. 5등분 블로킹의 와인딩

1) 5등분 블로킹(센터 파트)의 시술

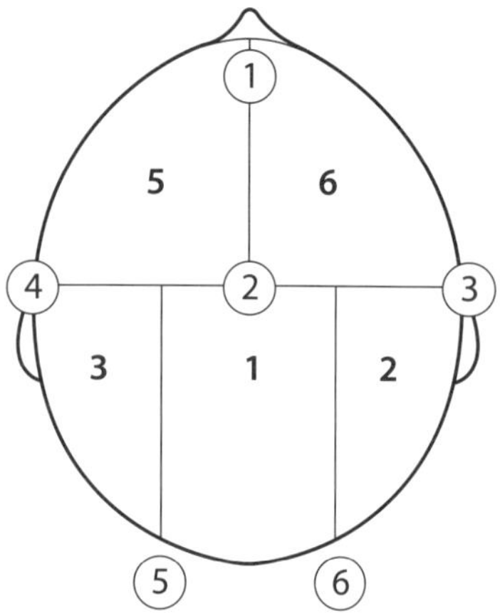

1. 전체적으로 백 부분을 향하여 빗질한다.
2. 센터 포인트(①)에서 정중앙선을 기준으로 나눈다.
3. 꼬리빗을 센터 포인트에서 정중앙선을 향해 꼬리빗의 빗살이 끝나는 지점(②)으로 나눈다.
4. ② 지점에서 이어 백 포인트로 곡선의 형태로 연결(③)시켜 블록을 완성한다.
5. 같은 방법대로 반대편 사이드를 완성한다.
6. ② 지점에 꼬리빗의 정가운데를 맞춘 후 좌우 약 0.5cm를 제외한 좌우포인트에서 뒤로 섹션을 나눈다. ⑤번과 ⑥번 지점으로 연결시켜 각각의 블록을 만들어 고무줄로 묶는다.

2) 5등분 블로킹(오른쪽 파트)의 시술

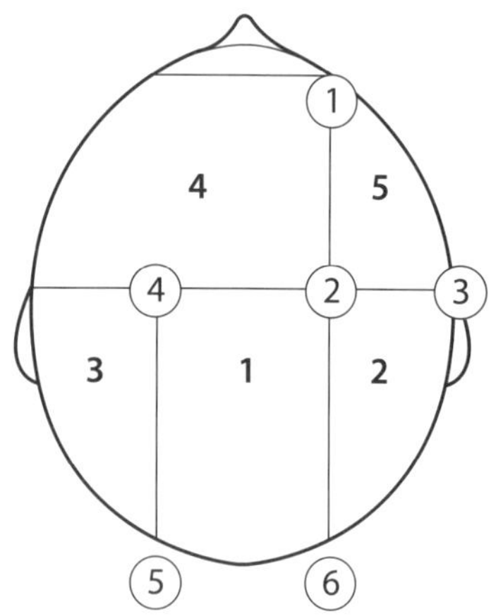

1. 전체적으로 백 부분을 향하여 빗질한다.
2. 센터 포인트에 꼬리빗의 정가운데를 맞춘 후 오른쪽 포인트(①)에서 뒤로 섹션을 나눈다.
3. ① 포인트에서 꼬리빗의 빗살이 끝나는 지점(②)으로 나눈다.
4. ② 지점에서 이어 백 포인트로 곡선의 형태로 연결(③)시켜 블록을 완성한다.
5. 같은 방법대로 반대편 사이드를 완성한다.
6. ② 지점에서 꼬리빗의 빗살이 끝나는 지점(④)에서 뒤로 섹션을 나눈다. ⑤번과 ⑥번 지점으로 연결시켜 각각의 블록을 만들어 고무줄로 묶는다.

3) 5등분 블로킹(센터 파트) 와인딩

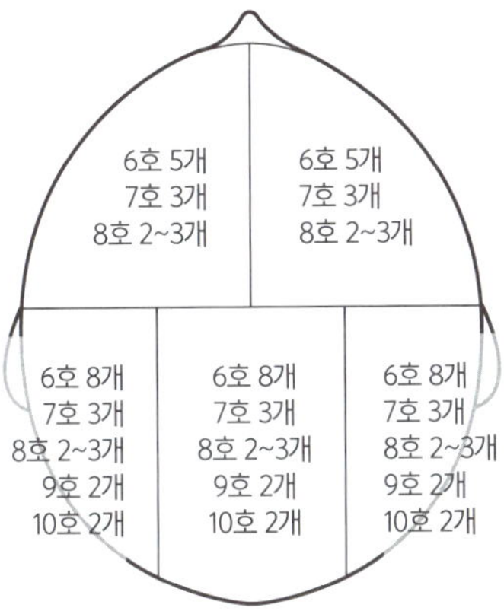

4) 5등분 블로킹(오른쪽 파트) 와인딩

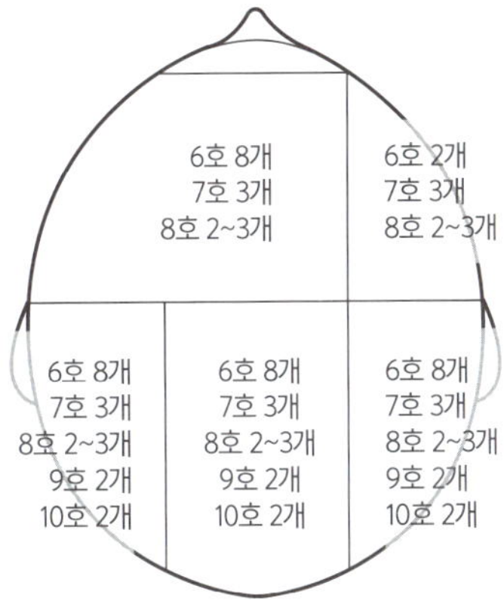

2. 5등분 블로킹(오른쪽 파트) 와인딩의 실제

◌ 블로킹을 나누고 와인딩의 순서는 블로킹의 역순으로 진행한다.

① 우선 5등분 블로킹으로 나누고 탑 부분의 중앙부위부터 시작한다.
1번째 블록은 6호 8개, 7호 3개, 8호 2개, 9호 2개, 10호 2개를 와인딩한다.

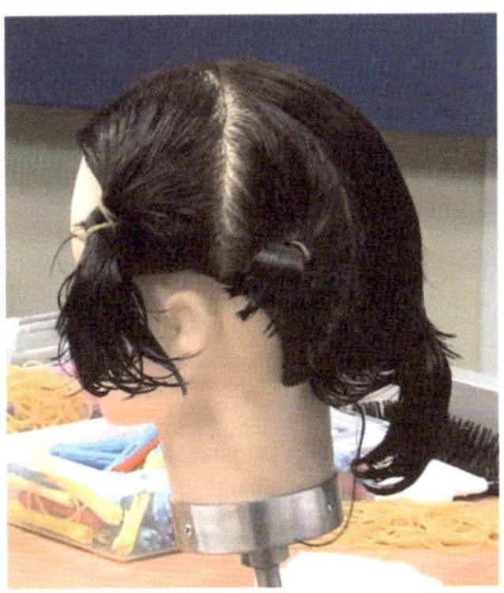

② 6호 로드를 90˚ 이상의 각도를 유지하고 첫 번째 로드를 와인딩하여 완성한다.

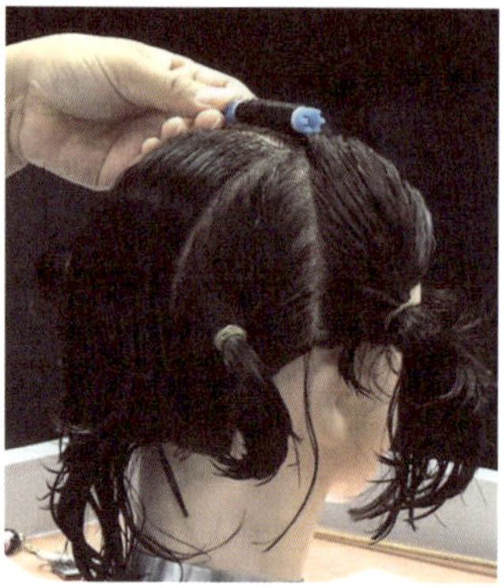

③ 이어서 6호 로드 8개를 와인딩한다.

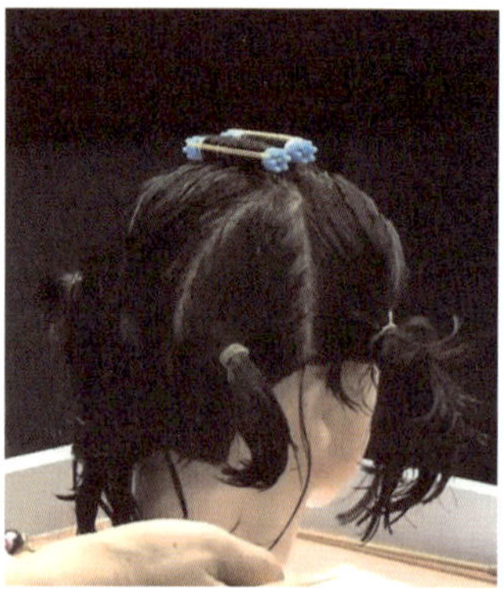

④ 다음 7호 로드 3개를 와인딩한다.

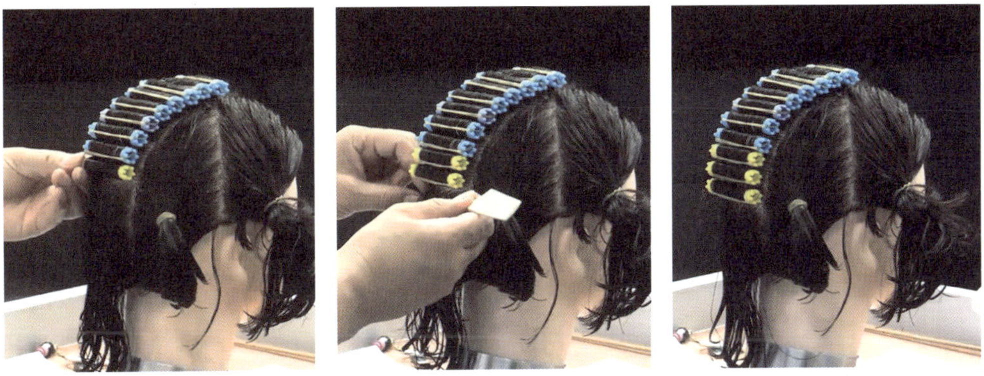

⑤ 다음 8호 로드 2개를 와인딩한다.

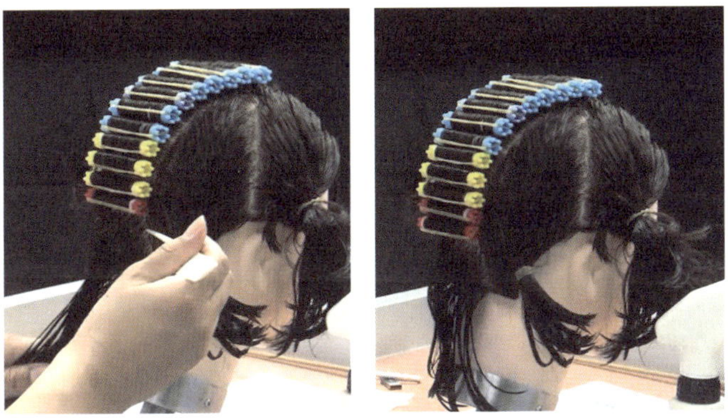

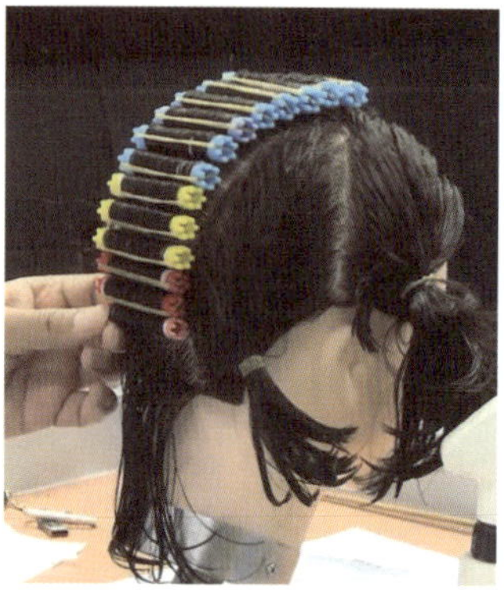
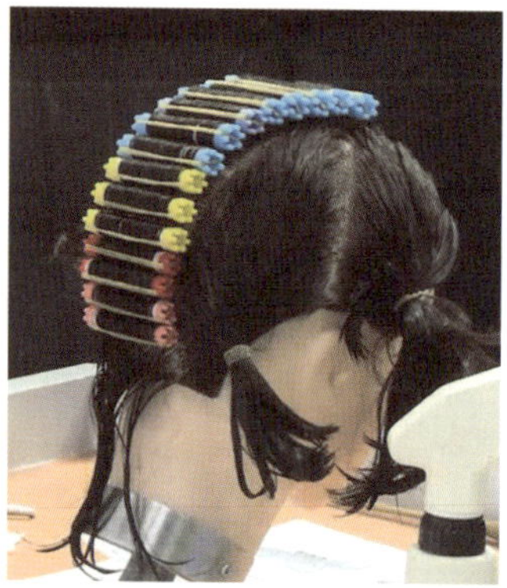

⑥ 계속해서 9호 로드 2개를 와인딩한다.

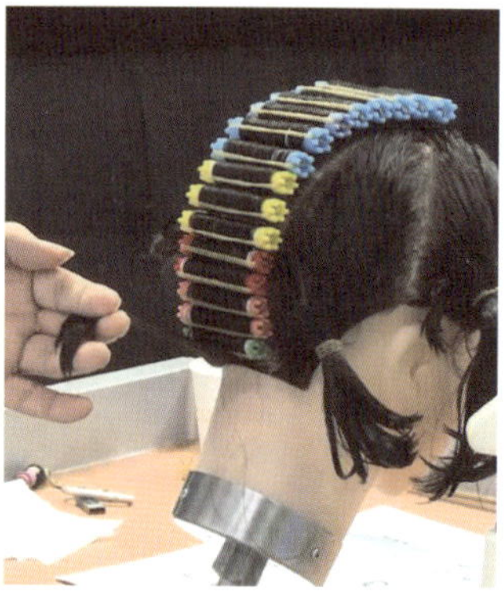
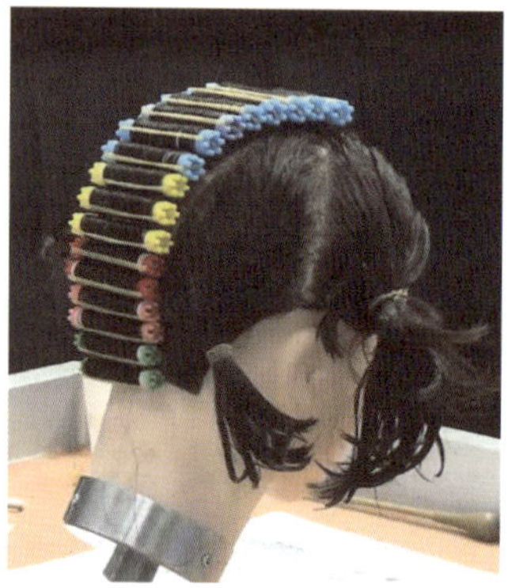

⑦ 계속해서 10호 로드 2개를 와인딩하고, 삐뚤어지거나 지저분한 로드를 정리하여 1번째 블록을 완성한다.

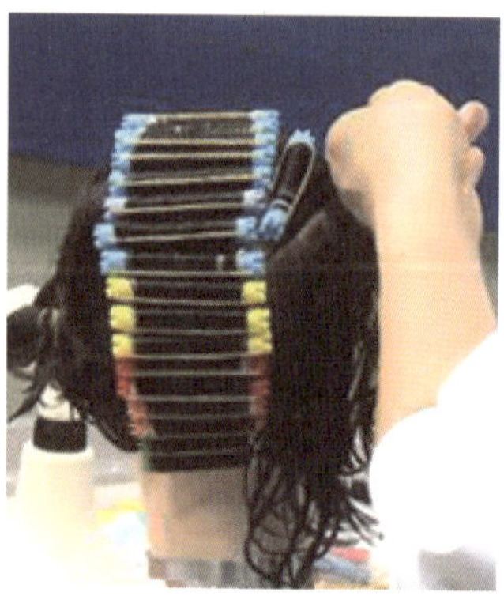

⑧ 후두부의 오른쪽 블록을 시작한다. 2번째 블록은 6호 2개, 7호 3개, 8호 2개, 9호 2개, 10호 2개를 와인딩한다.

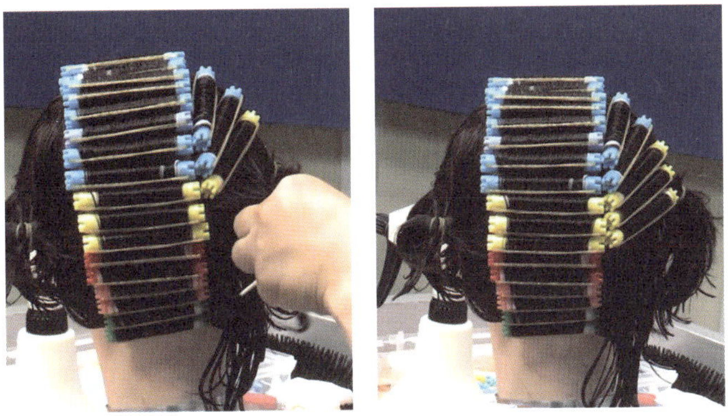

⑨ 다음 7호 로드 3개를 와인딩 한다.

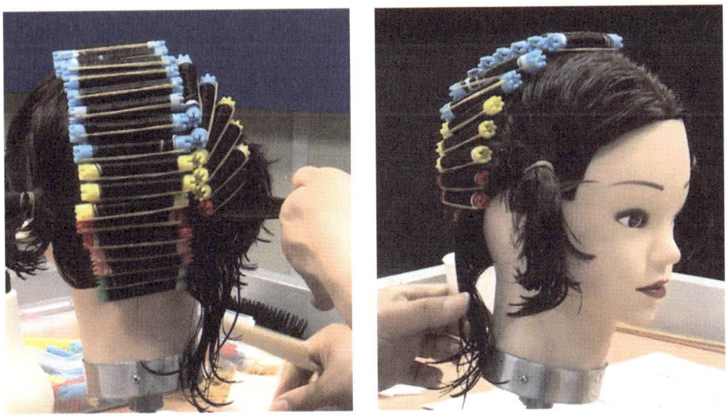

⑩ 다음 8호 로드 2개를 와인딩 한다.

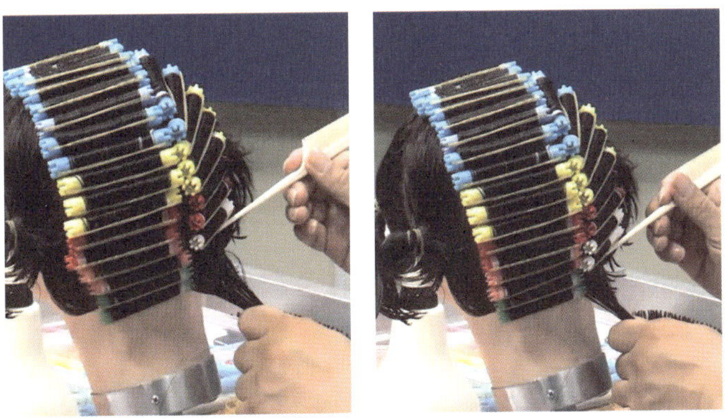

⑪ 계속해서 9호 로드 2개를 와인딩한다.

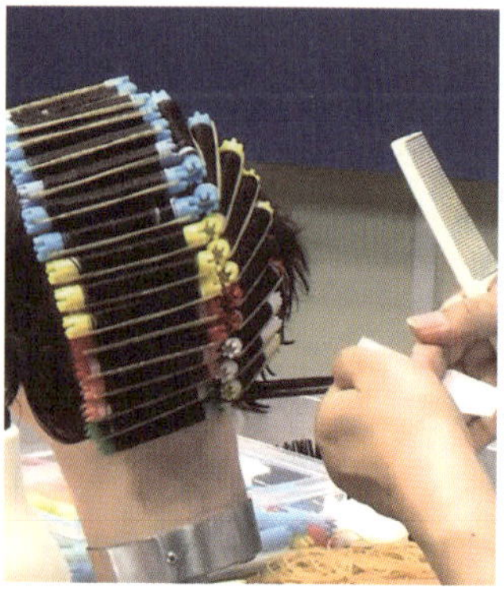
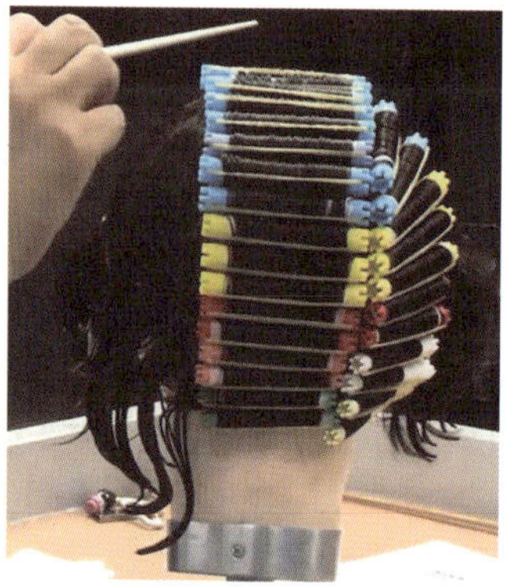

⑫ 계속해서 10호 로드 2개를 와인딩하고, 삐뚤어지거나 지저분한 로드를 정리하여 2번째 블록을 완성한다.

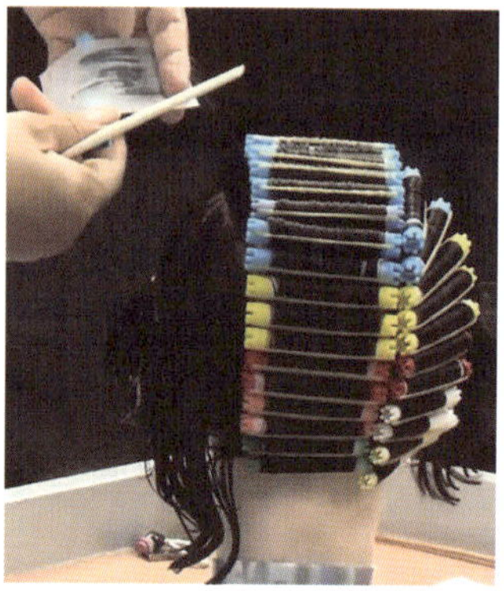
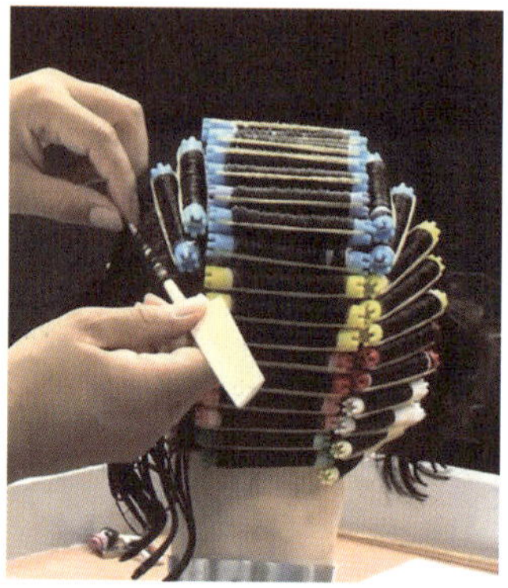

⑬ 같은 방법대로 후두부의 왼쪽 블록을 시작한다. 세 번째 블록은 6호 2개, 7호 3개, 8호 2개, 9호 2개, 10호 2개를 와인딩한다. 먼저 6호 로드 2개를 와인딩한다.

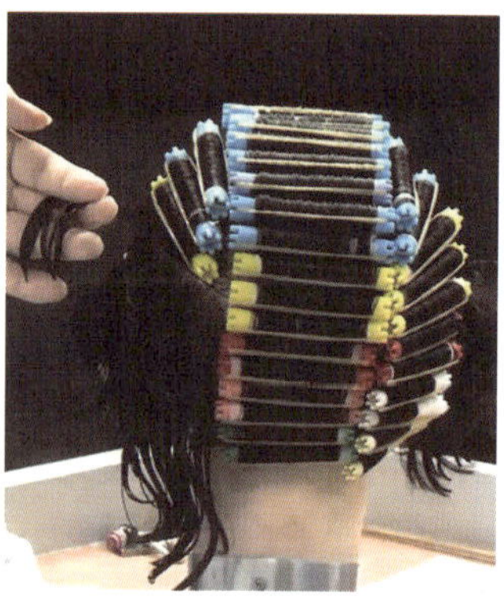
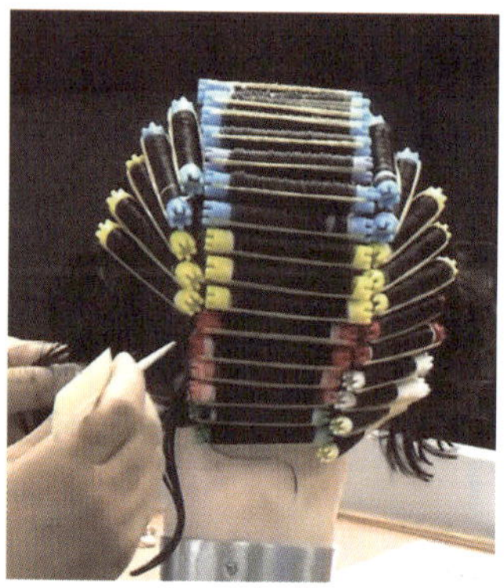

⑭ 다음 7호 로드 3개를 와인딩한다.

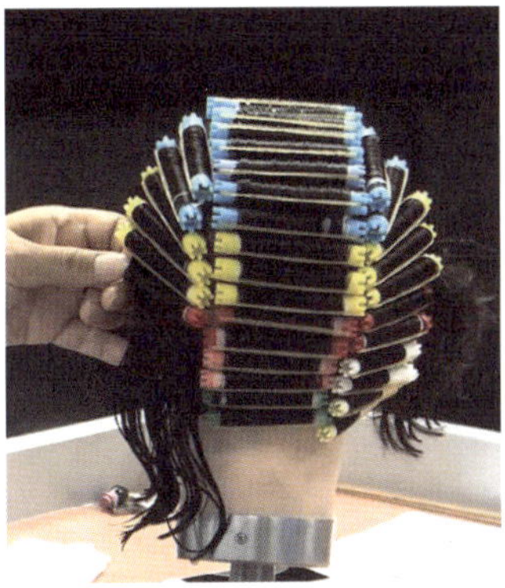 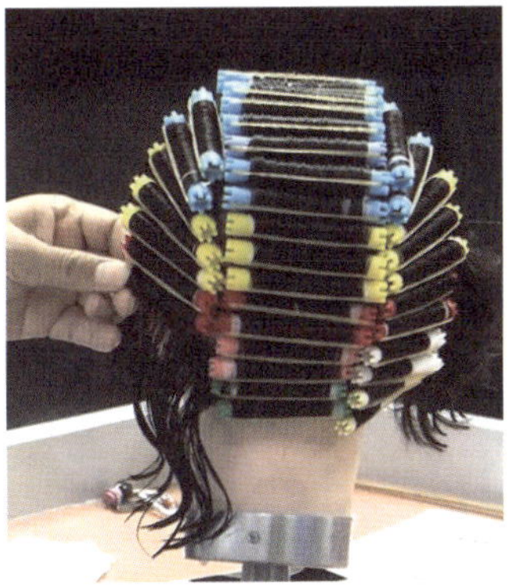

⑮ 다음 8호 로드 2개를 와인딩 한다.

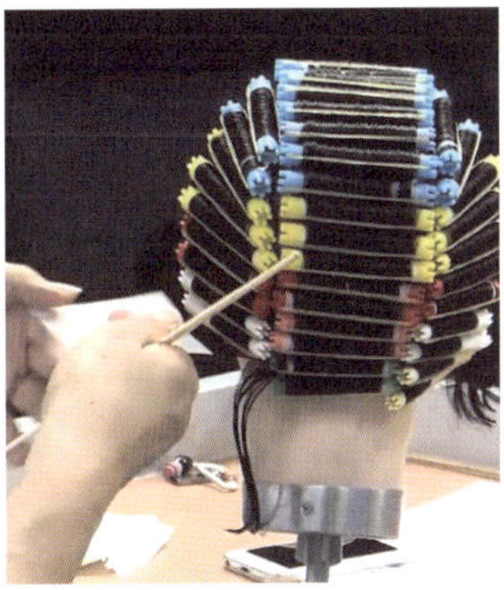 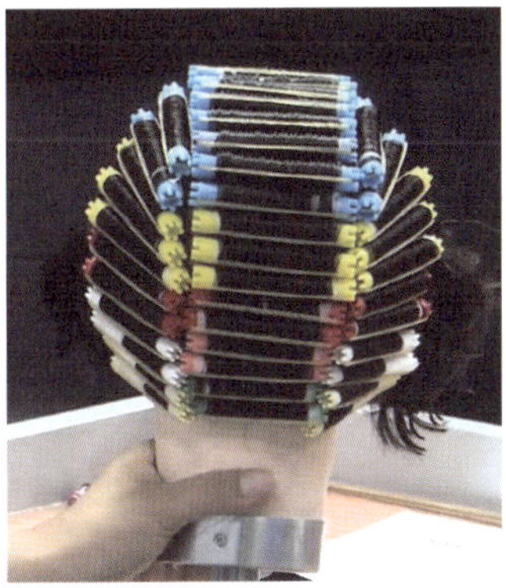

⑯ 계속해서 9호 로드 2개와 10호 로드 2개를 와인딩하고, 삐뚤어지거나 지저분한 로드를 정리하여 3번째 블록을 완성한다.

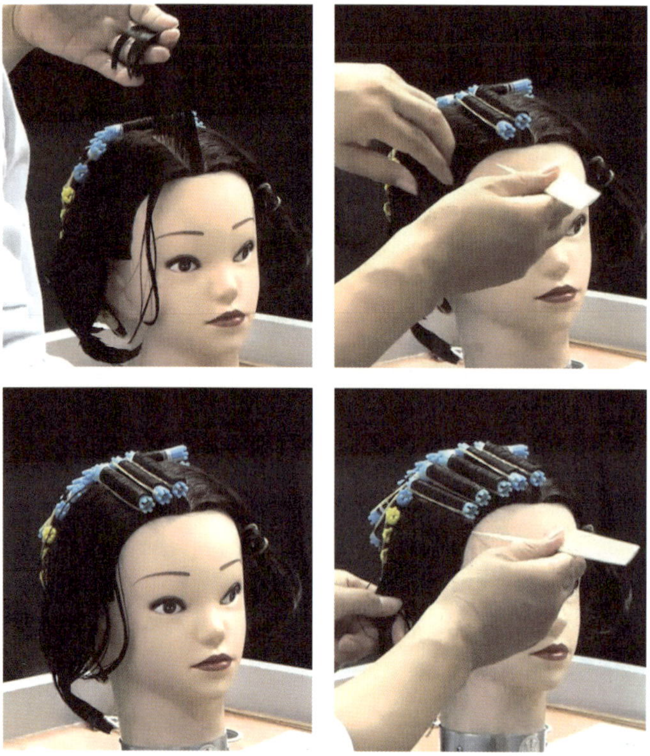

⑰ 오른쪽 사이드의 블록을 시작한다. 네 번째 블록은 6호 5개, 7호 3개, 8호 2개를 와인딩한다. 먼저 6호 로드 5개를 와인딩한다.

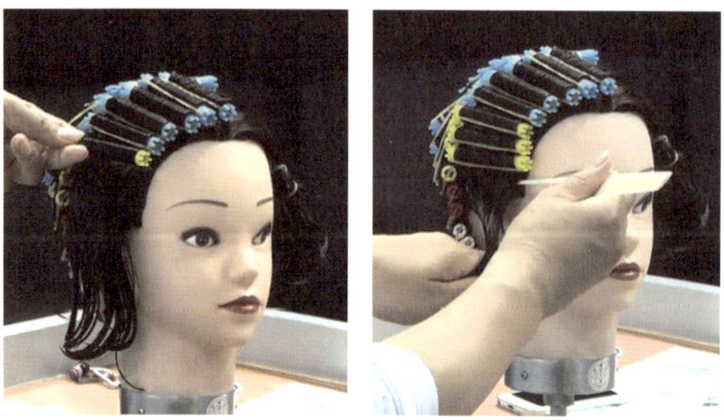

⑱ 다음 7호 로드 3개를 와인딩한다.

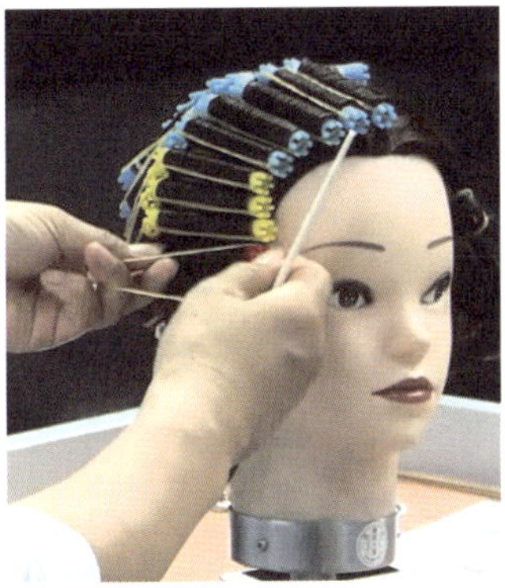

⑲ 다음 8호 로드 2개를 와인딩 하고 삐뚤어지거나 지저분한 로드를 정리하여 네 번째 블록을 완성한다.

⑳ 같은 방법대로 반대편인 왼쪽 사이드의 블록을 시작한다. 5번째 블록은 6호 5개, 7호 3개, 8호 2개를 와인딩하여 완성한다.

Chapter

기본 퍼머넌트 웨이브의 와인딩 V

Basic Permanent Wave Winding V

1. 롤 세팅

① 롤을 가지고 와인딩하는 기법으로 웨이브의 흐름이나 모선의 방향감을 주고자 할 때 사용하는 와인딩 기법이다.
② 롤은 기본 로드보다 직경이 크므로 웨이브 형성력이 떨어진다.
③ 와인딩 시 머리카락과 롤의 접착력을 높이기 위해 팩을 제조하여 사용한다.
④ 팩 제조는 팩(가루)과 퍼머1제(환원제)를 적당히 혼합하여 제조한다.

2. 롤 세팅 와인딩의 실제

◌ 먼저 롤세팅에 필요한 준비물을 준비한다. 와인딩 전에 팩을 먼저 제조한다.

① 먼저 5개의 블록으로 나눈다.

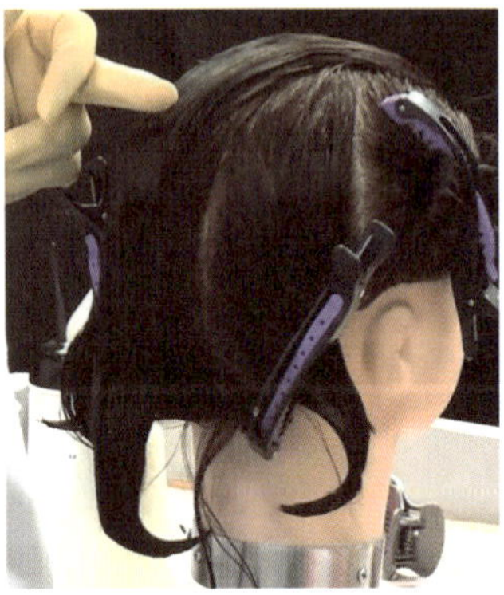

② 정중앙선을 기준으로 프런트부터 네이프까지 롤과 로드를 사용하여 와인딩한다. 기본적인 와인딩의 방법은 일반 로드의 방식과 동일하다. 다만, 블로킹의 위쪽부터 와인딩하고, 롤에는 고무 밴딩을 하지 않고 대짜 핀 혹은 핀컬핀 등으로 고정하는 방식이다. 와인딩 시 스트랜드에 적당량의 팩을 모근에서부터 모선까지 도포한다.

③ 프런트를 대짜 롤부터 와인딩한다.

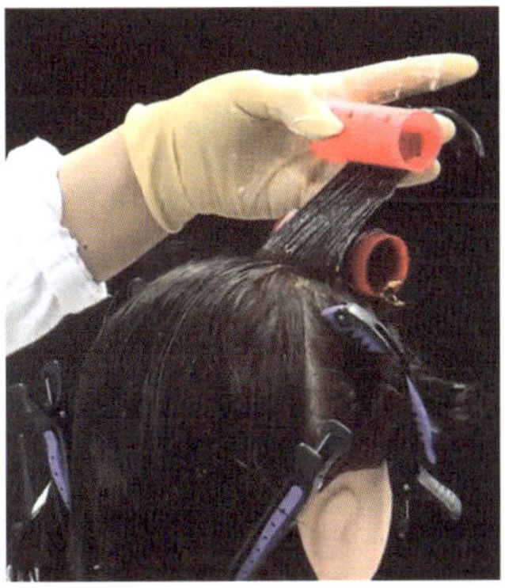
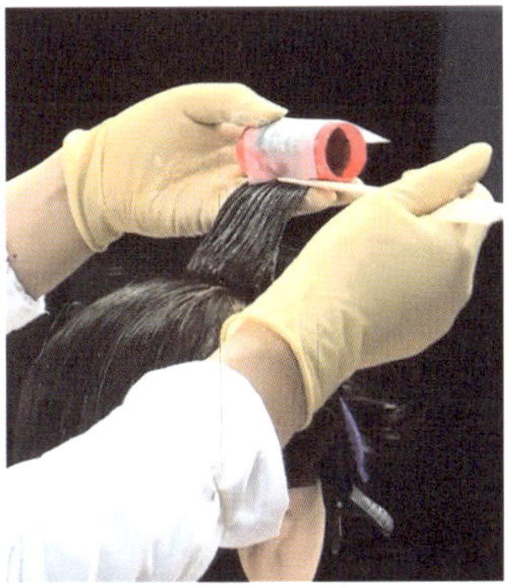
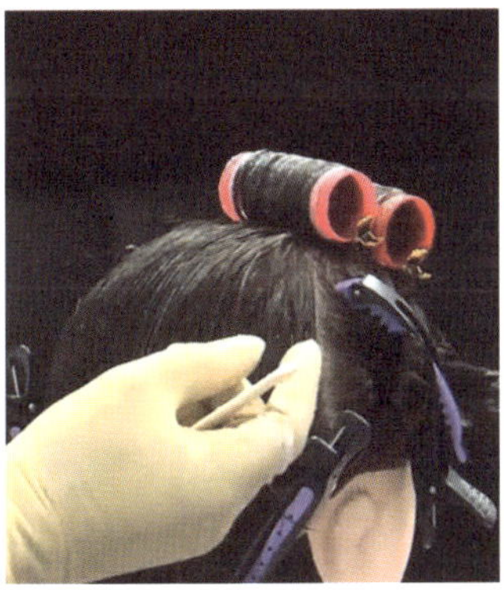
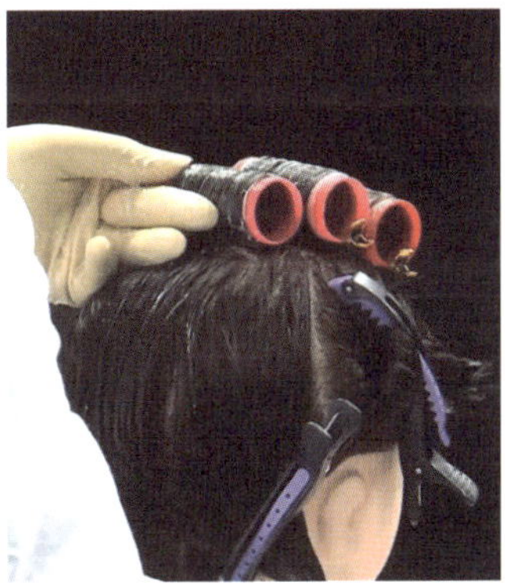

④ 골든 포인트부터 중짜와 소짜 롤로 와인딩한다.

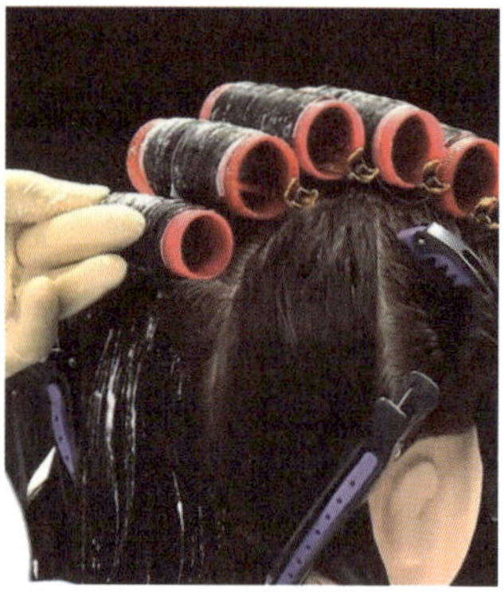
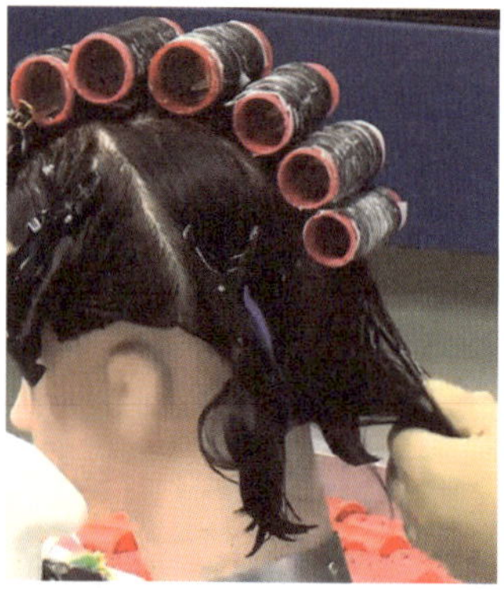

⑤ 네이프 부분은 일반로드 2호와 3호로 와인딩하여 X자 밴딩으로 마무리한다.
[1장 X자 밴딩 참조]

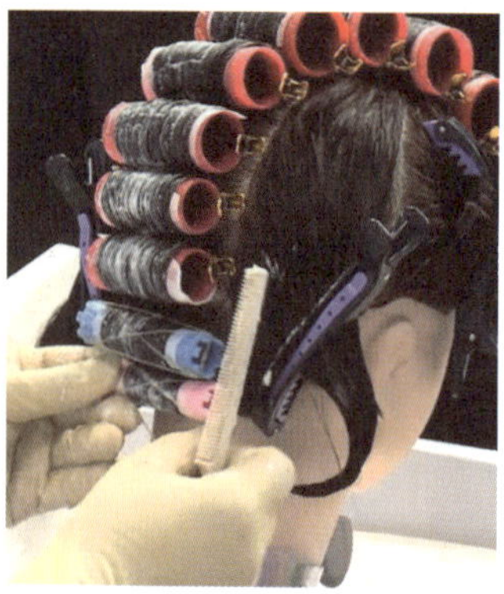

⑥ 후두부 오른쪽의 블록에서 대짜 롤부터 와인딩한다.

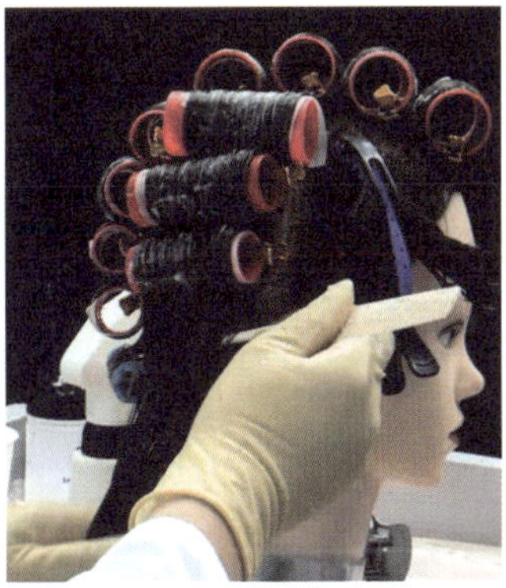

⑦ 네이프 부분은 로드의 크기가 커서 와인딩하기 불편하면 중앙 부위의 로드를 다시 풀고 중앙 부위의 반을 가져와서 패널을 합쳐서 와인딩한다.

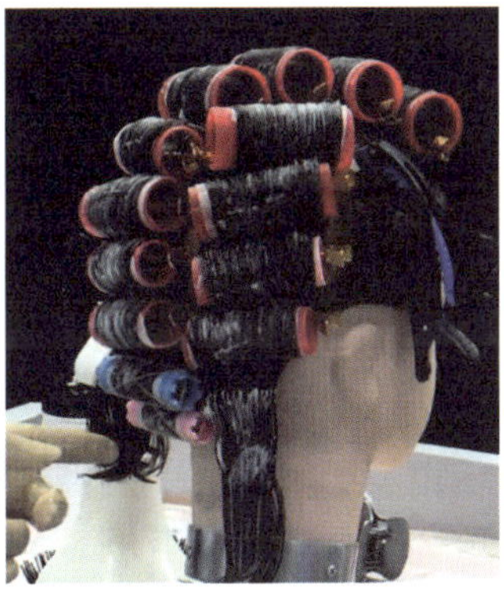

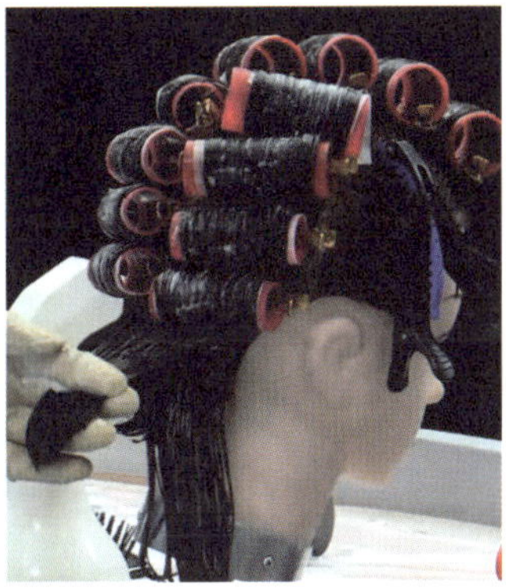

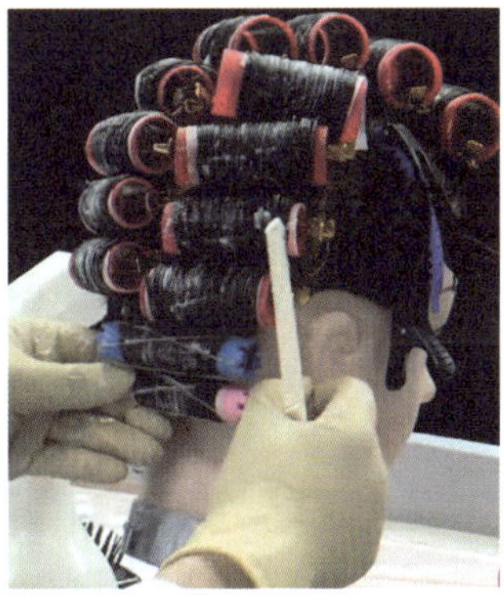

⑧ 반대편 후두부 왼쪽의 블록에서 대짜 롤부터 와인딩하여 완성한다.

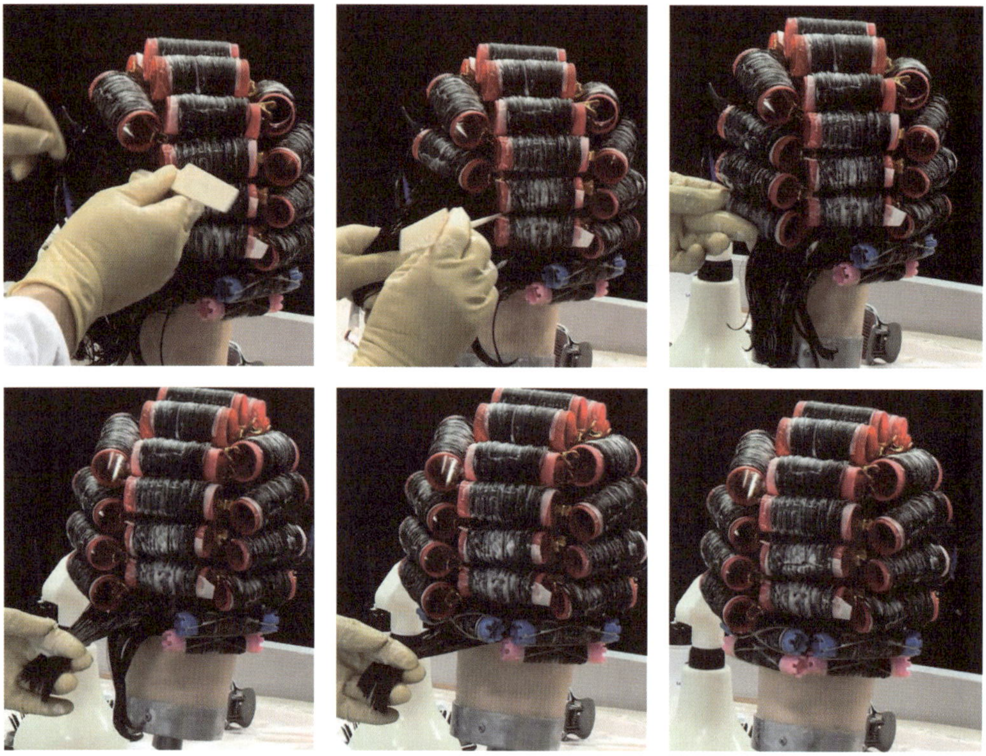

◌ 스트레이트 판을 이용한 롤 세팅

모발의 길이가 길 경우에 스트레이트 판을 이용하여 판넬을 와인딩한 후 롤 세팅한다.

① 접히기가 쉬운 롤 스트레이트 전용 판넬을 준비한 후 블록의 밑에서부터 시작한다.

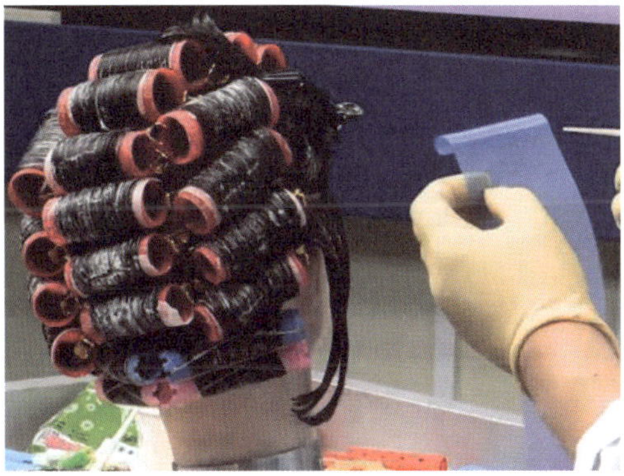

② 패널을 오른손으로 잡고 왼손으로 판넬을 가져와서 패널의 밑에 대고 빗질한다.

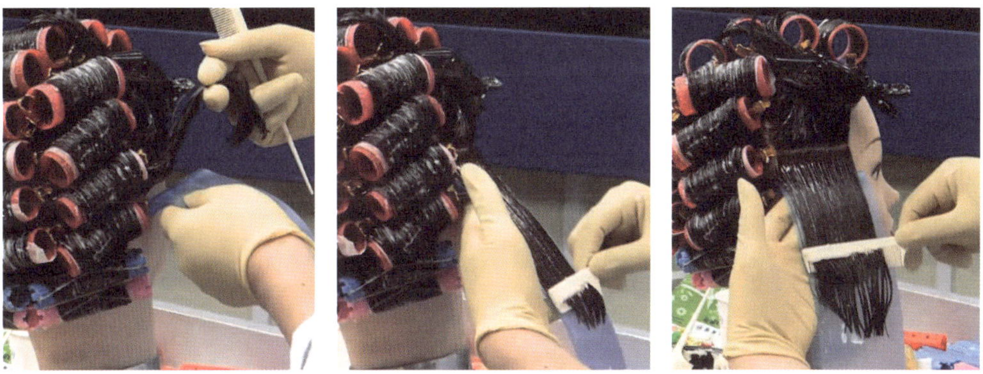

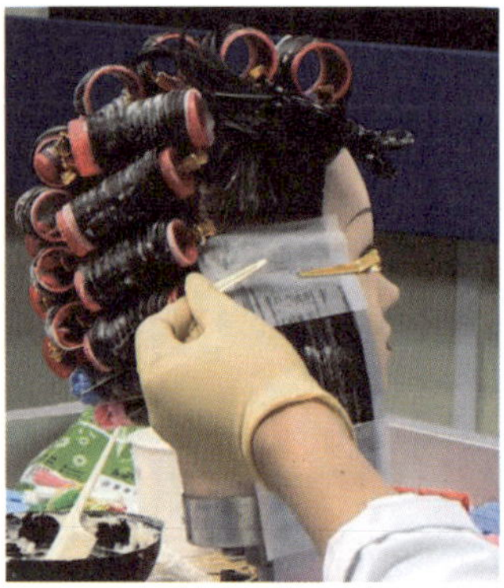

③ 빗질 완료 후 퍼머 종이를 모근부위와 모발 끝부분에 대고 모근쪽 양옆에 핀컬핀으로 고정한다.

④ 판넬을 밑에서부터 와인딩하여 올라간다.

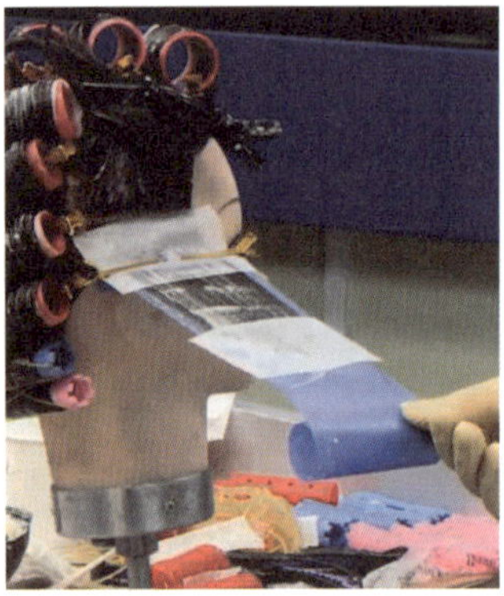

⑤ 와인딩 후 다시 한 번 핀컬핀으로 고정시킨다.

⑥ 계속해서 같은 방법대로 와인딩하여 완성한다.

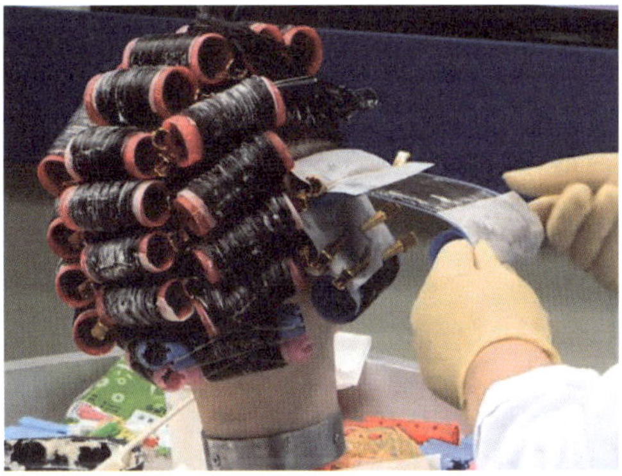

3. 스트레이트(스트레이트 퍼머넌트)의 실제

1) 스트레이트의 정의

스트레이트 퍼머넌트는 축모, 파상 모발을 스트레이트 판을 이용하여 직모로 변형시키는 퍼머넌트 기법이다. 또는 퍼머넌트 웨이브 시술로 웨이브된 모발을 직모로 변화시킬 때 하는 시술이다. 2000년대 들어와서 매직기, 아이롱 등의 열기구의 등장으로 미용실에서의 사용이 줄어들었다.

2) 스트레이트의 실제

① 먼저 스트레이트에 필요한 준비물을 준비한다. 와인딩 전에 팩을 먼저 제조한다.

② 먼저 5개의 블록으로 나눈 후 정중앙선을 기준으로 네이프부터 프런트까지 스트레이트 판넬을 사용하여 시술한다. 스트레이트 시술 시 스트랜드에 적당량의 팩을 모근에서부터 모선까지 도포한다. 스트레이트의 방법은 와인딩을 뺀 롤스트레이트 판을 이용한 판넬 방식과 같다.

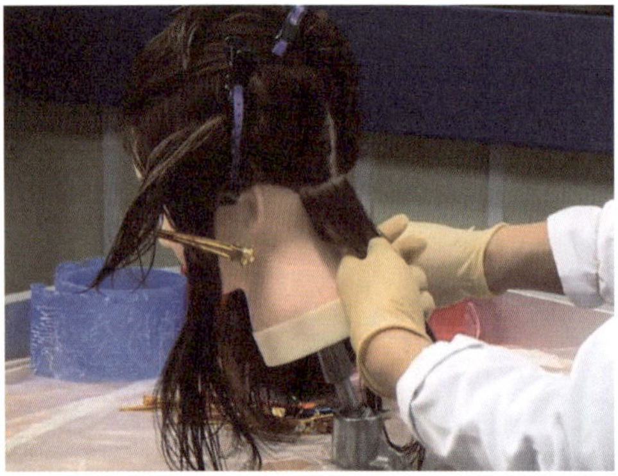
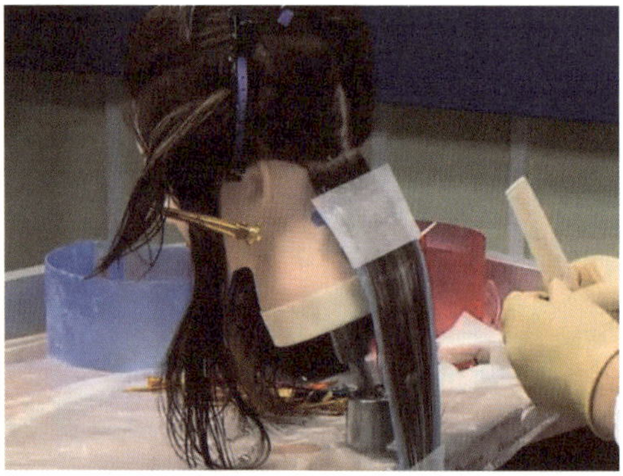
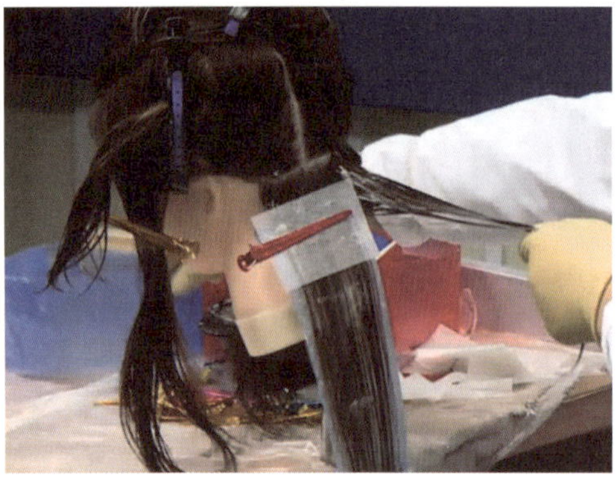

③ 계속해서 같은 방법대로 후두부, 프런트, 사이드순으로 진행하여 완성한다.

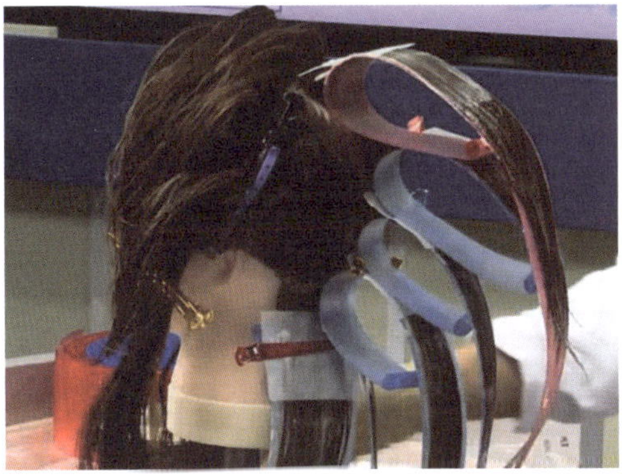

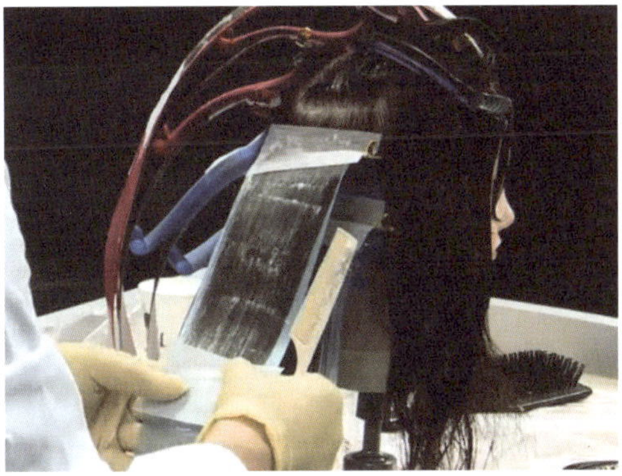
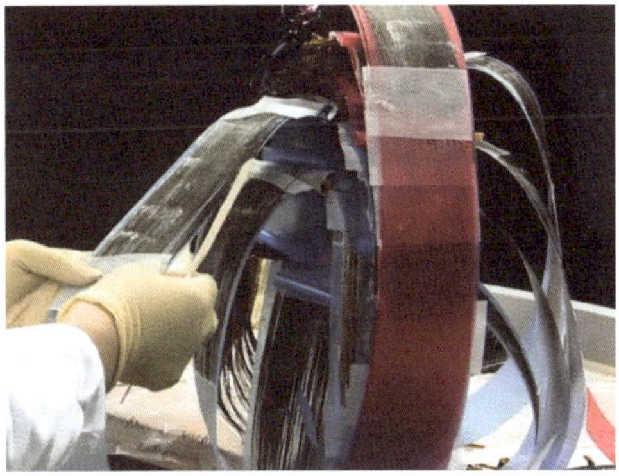

참고문헌

1. 김주섭 외 2인, 퍼머넌트웨이브, 구민사, 2013
2. 곽형심, art of wave, 청구문화사, 2000
3. 고경숙, 퍼머넌트 헤어 웨이브 디자인, 훈민사, 2004
4. 노정애, 기본 헤어퍼머넌트 웨이브, 구민사, 2015
5. 조미영, 퍼머넌트 웨이브 디자인, 훈민사, 2002
6. 조지훈, 퍼머넌트 웨이브의 실제와 활용, 훈민사, 2012
7. 김관옥외 2인, 베이직 퍼머넌트 웨이브, 구민사, 2016
8. 지정훈 외 1인, 기초 헤어 퍼머넌트 웨이브, 청구문화사, 2015
9. 박은준 외2인, 어드밴스 헤어 퍼머넌트 웨이브, 메디시언, 2018
10. (주)르벨코스메틱
11. 조우현, 2011, 미용사의 퍼머넨트 웨이브제 성분 인식 및 활용도, 남부대학교 대학원, 석사학위논문
12. 손복심, 2007, 우리나라 업스타일의 변천 과정과 재현에 관한 연구, 광주여자대학교 미용과학대학원 미용과학과, 석사학위 논문